直覺陷阱

認知非理性消費偏好，
避免成為聰明的傻瓜

2

高登第 教授 著

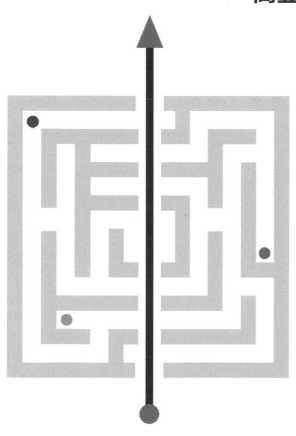

目錄

推薦序

生活中無處不是思考案例、直覺陷阱

饗賓餐旅集團品牌策略部副總經理　廖和尚

　　甫開始閱讀本書，心裡便哼起了《Old Habits Die Hard》的旋律，因為在行銷工作中，其中一項重要任務就是讓消費者對品牌產生「積習難改」的黏著度。在數位行銷領域，近年來大眾常見的關鍵字句，如「聲量」、「踩雷」、「心佔率」、「懶人包」、「飢餓行銷」，或是「小朋友才做選擇，我全都要」，其實背後都有其消費心理學的意涵與邏輯，讀者咀嚼書中高教授的字字珠璣後，便能逐步瞭解其背景思維，也會發現生活中無處不是思考案例、直覺陷阱。

　　只要看見某某學的書，內容往往令人擔心艱澀難懂，

但本書對於心理學名詞的解釋深入淺出，輔以生活案例或研究圖表，更讓人容易吸收內化並舉一反三。例如，第一章〈定錨效應〉中提到了「韋伯法則」的 K 值，解答了以消費來說，為何「九折」是一個有感的恰感差量邊界值。讀完這個章節後，打開百貨週年慶 DM 或想起在 IKEA 看見的「比去年更低價」新品海報，我心中便忖度著：「原來是這麼一回事啊。」除了提升解讀消費心理學的能力外，「定錨效應」也會讓讀者在採購決策和議價能力上更理性睿智。

〈單純曝光效應〉最簡單又符合時事的應用，便是選舉造勢了。仔細回想從小到大，我們參與過的選舉投票，是不是往往都投給對於姓名最有印象的候選人，或是「看得順眼」的，但不見得清楚他的經歷與政見；品牌操作亦同，透過大量重複的曝光，讓民眾對於名稱、面孔、圖像產生熟悉度和正面觀感後，便會在各式各樣的場合中，引導大腦透過「處理流暢性」作出最直覺性的選擇。畢竟人性本「散」，能躺平、佛系思考後作出容易的決定，對大多數人來說再舒服不過了。但是，書中內容也適時提醒行

銷從業人員，這些工具並非無敵星星，用過頭也會有反效果。在商業上的使用時機與場合，透過本書可以充分理解各種消費心理學在應用上的技巧和產生風險的分際所在。另外，透過本書的提醒，時常歸零思考並強化底層邏輯，便能用客觀的立場辨別「需要」跟「想要」的界線，使讀者們成為更聰明的消費者。

在品牌設定及行銷溝通時，我們內部常說「三流的品牌講價格，二流的品牌說規格，一流的品牌談風格」，所以除了定價策略跟商品功能性的本質之外，如何建立鮮明的品牌形象與正面的風格認知，就顯得更加重要。Nike 作為世界第一的運動品牌，最早從跑鞋零售開始，但 Nike 的廣告向來不聚焦商品本身，也不跟其他品牌比較規格與性能；Nike 在它的廣告裡，總是在闡述運動家精神、在表現對於運動員的尊敬。時至今日，因為其品牌強度與「月暈效應」的拉抬，運動鞋之外的產品線銷售額，已經佔總營收三分之一，只要消費者想到運動相關的商品，我相信大多數人首先想到的品牌，就是 Nike。

　　作為大眾消費產業，餐飲業在產品開發上也常見書中提及〈妥協效應〉的應用情境，且上至品牌定位，下至商品定價都適用。過去當我們要投入一個新品牌、研發新商品時，經常會由於個人感性因素而產生盲點，過度投入資源希望做到最好，卻可能落入曲高和寡的局面。因此，起初的產品定位及定價策略，就非常值得參考此章節的內容，在商品開發過程中，持續地進行動態分析與策略調整。畢竟市場上競品何其多，商業賽局總是不斷地變動，電影《功夫》中提到「天下武功、唯快不破」，如果能將本書心法瞭然於胸，並且應用在商業決策過程中，相信大家都能在自己的領域中更悠然自得。

　　行銷學之父 Philip Kotler 曾說：「行銷是在於探索、創造與傳遞價值以滿足市場需求，並創造獲利的科學和藝術。」透過本書，讀者可以有邏輯地建立對於消費心理學的洞察，也能有效地訓練自己避開過去思想上的誤區，無論是在職涯開發或探索人生的面向上，都值得大家仔細閱讀，思考品味。

推薦序

了解消費心理可以改變 台灣企業的遊戲規則

經濟部中小及新創企業署署長　劉晉顯

　　台灣的地理位置四面環海，除了海洋資源之外，天然資源並不算豐富。台灣能夠蓬勃發展的主要原因就在於軟實力的培養，也就是人才的素質。但光憑優秀的人才，尚不足以在世界市場上維繫長久的競爭優勢，還是得靠行銷的全力配合。然而傳統的行銷已不足以面對現今瞬息萬變的市場，還是得靠了解消費者的心態才足以讓企業更加蓬勃發展。

　　本人自 2019 年接任經濟部中小企業處處長以來，常見中小企業富有創意，但卻不知如何從事市場的推廣。而經濟部中小企業處（現已改制為「經濟部中小及新創企業

署」）的主要使命，便在於協助這些中小企業了解市場的需求，並更進一步的強化他們的行銷能力，讓台灣的中小企業廠商能夠在市場上發光發熱。

　　舉例而言，經濟部中小及新創企業署自 1989 年起，便著手推動「一鄉鎮一特產」（One Town One Product, OTOP）的推廣計畫，以因應國內外市場環境變遷，符合新時代市場趨勢，提升產品與服務新思維。2023 年透過舉辦全國大專校院故事化行銷競賽，向下扎根展開多元培育模式，培植在地青年人才；持續經營日月潭 OTOP 館及 OTOP 授權通路，與跨域通路及社群電商平台合作，策辦 OTOP 產品設計獎選拔優秀商品，提供通路推廣資源，優化地方產業發展，並提高產業附加價值。2022 年主要成果為促進自主投資 1,358 萬元，媒合產品至國內外通路上架，創造了 5,049 萬元新商機。

　　除了內需市場以外，國際市場也是台灣倚賴的生存命脈。然而，在當今瞬息萬變的商業環境中，台灣企業與世界各地的企業一樣，面臨許多困境。這些困境可能包括競

爭加劇、市場條件波動，以及消費者行為的變化等。為了成功克服這些挑戰，台灣企業可以參考消費心理學者所提供的見解，透過了解消費者的動機、偏好和決策過程，台灣企業可以調整和創新策略，以獲得競爭優勢。在《直覺陷阱 2：認知非理性消費偏好，避免成為聰明的傻瓜》這本書中，提出了許多消費心理學的效應，大大提升了廠商在商業競爭上的視野，特別是對於那些生產消費性產品的中小企業廠商，在明瞭消費者的深層心理之後，將有助於本身發展出獨特的競爭策略，進一步幫助自己打開格局脫離困境。

從學理上來看，消費心理學深入研究人類思維的複雜運作，以解釋人們購買某些產品或服務的原因。透過分析動機、感知和態度等因素，企業可以更深入了解消費者行為的驅動因素。對於台灣企業來說，了解這些心理原理可以為消費者的偏好提供有價值的洞察，幫助他們量身定製產品和服務。例如，當台灣企業了解消費者重視促進永續發展和生態友善的產品時，他們就可以開發和銷售與這種心態產生共鳴的環保產品。此種符合全球環保消費趨勢的

商品，便可望成為企業顯著的競爭優勢。

　　再者，台灣企業可以利用消費心理來優化產品開發流程。消費者研究可以探索出消費者未被滿足的需求和慾望，引導企業開發出對目標受眾更具吸引力的產品。透過利用調查、焦點小組和數據分析等工具，企業可以蒐集有價值的見解來優化其產品。此外，了解消費心理有助於產品設計、包裝和品牌推廣。例如，對色彩心理學的深刻理解可以幫助企業為其產品和包裝選擇配色方案，從而引發消費者的正面情緒和聯想，最終影響他們的購買決策。除此之外，消費心理在制定有效的行銷和溝通策略方面也發揮著極為重要的作用。透過辨識影響消費者決策的心理觸發因素，台灣企業可以進行更有說服力的行銷活動。這些活動可以客製化地吸引消費者感性和理性方面，提供更具說服力的訊息。此外，了解消費心理有助於台灣企業目標受眾進行更深層的聯繫，提高品牌忠誠度。

　　在當今充滿活力的商業環境中，了解消費心理可以改變台灣企業的遊戲規則。透過應用消費心理學原理，企業

可以透過創造出符合消費者偏好的產品、制定有效的行銷策略、優化定價和建立消費者信任來獲得競爭優勢。在這本《直覺陷阱 2：認知非理性消費偏好，避免成為聰明的傻瓜》中所提出的各種消費心理學效應與觀念見解，足以供台灣的企業借鏡，以克服所面臨的困境，並在不斷變化的市場中取得長期成功。

推薦序

消費陷阱的自我檢視

中廣「理財生活通」節目主持人、財經作家

夏韻芬

　　經濟活動討論的大都是效率與理性，心理學有心理與意識的探索，把經濟活動跟心理學一起探討與詮釋，高教授是其中的佼佼者，他出版的兩本相關的書籍都受到好評。

　　台灣最活躍的經濟活動是房市與股市，當股市的千金股的股價上衝，投資散戶就會認為其他的股票也會跟著上漲，這是一個典型「定錨效應」，同樣房價每坪突破三位數字，也會讓大家認為會帶動房價持續上漲。

如果台北的帝寶團隊到我最愛的台東蓋大樓，一樣的名稱、團隊、建材以及設計圖，價格就能夠跟台北帝寶一樣高？又或者廣告上打著「馬來西亞的帝寶」或是「柬埔寨的信義計畫區」，你覺得簡單明白，其實已經陷入「認知偏誤」，一旦相信，對於價格判斷與決策就會失真，這種捷徑式思考，行銷人員屢試不爽，消費者照單全收也就屢戰屢敗。

日前百貨公司週年慶，我雖然理性地列出清單，但是還是被店員「全台灣只剩下這一件」的說法破功，這也是高教授書中的「稀缺性效應」的最佳例證。

你常常掉入直覺陷阱嗎？本書的內容深入淺出，適合大家邊閱讀邊自我檢視。

推薦序

幫助讀者反思直覺式思考模式，培養發掘事實真相的能力

國立清華大學進修推廣學院院長

國立清華大學科技管理研究所教授兼所長

中華民國科技管理學會院士

張元杰

　　「認知偏誤」（cognitive bias）是所有思考與決策不理性的來源，更是所有思考錯誤之母。《直覺陷阱2：認知非理性消費偏好，避免成為聰明的傻瓜》一書是國立清華大學教授高登第博士的經典大作，他從社會心理學與消費心理學來剖析「認知偏誤」，解讀讀者本身不自覺且難以改變的思維模式，在消費行為上產生快速與自動化的決策模式，從而掉入「直覺」的陷阱。

　　《直覺陷阱：擺脫認知偏誤，擁有理性又感性的 30 個超強心理素質》是一套講述「認知偏誤」的系列性書籍，《直覺陷阱 2：認知非理性消費偏好，避免成為聰明的傻瓜》羅列了 12 個認知偏誤效應與現象，解釋消費者在購買決策過程，因不同的認知偏誤，進而導致系統性的偏誤。具體來說，高教授從消費者角度的內在因素與企業角度的外在因素兩大層面進行論述。一者，從消費者個人角度出發，例如消費者個人信念、記憶、稟賦、恐懼與風險偏好等所造成的消費決策偏見。書中所提及「確認偏誤」，指個人往往會忽視挑戰或抵觸既有觀點和想法的資訊。舉例來說：消費者對於某一產品抱持正向評價，就傾向於尋找能支持自己信念的證據，例如：能夠提身產品形象的資訊與評價，而忽略了產品的負面資訊與評價。

　　再者，從企業的角度出發，企業藉由行銷資訊與廣告的內容（如誘餌手法和懷舊手法等）引導消費者的決策。舉例來說，書中所提到的「框架效應」（framing effect），指企業以不同方式呈現廣告內容或者行銷手法，如「四人同行、一人免費」或「四人同行，享七五折優惠」，免費

的字眼則更加吸引消費者。舉例來說，蘋果公司是使用「框架效應」的著名案例，2001 年，賈伯斯以「有一千首歌在你的口袋裡」來描述第一款 iPod、以「全世界最薄的筆記型電腦」來描述 2008 年推出 MacBook Air，以凸顯產品特色的框架，引導消費者的文字解讀，進而激發出消費者的消費慾望。

　　在本書中，共有 12 個篇章說明不同類型的認知偏誤效應。每一章節皆由該偏誤效應的定義為起頭，進一步說明這些效應的起源與發展，後輔以消費者在生活中各式常見的案例進行說明，在每章最後皆以「基本心法」來總結，讓讀者可以隨意帶走（take away）每章的智慧。更重要的是，針對每一個認知偏誤效應，高教授提出相對應的解方，針對個人、消費者以及企業等提供不同的實務建議，並鼓勵讀者梳理個人的認知偏誤、思考盲點與決策偏差。全書以平易近人的文字，來解釋艱澀的學術名詞，以輕鬆活潑的案例，來幫助讀者了解各種認知偏誤效應發生的情境。此種寫作方式深入簡出，讓讀者不受專業知識、理論與術語所限制，更能夠使讀者在短時間內融會貫通，

綜合思考各項認知偏誤效應帶來的思考限制。

　　最後，這是一本引發讀者內省思維到外審行為、解讀心智之謎與行為之理的著作。本人在此極力推薦《直覺陷阱 2：認知非理性消費偏好，避免成為聰明的傻瓜》，這本書不僅對於消費者的個人消費行為剖析、企業的行銷手段的檢視具有相當大的實用性。對於讀者而言，這本書從多個角度切入，幫助讀者反思個人直覺式思考模式，摒棄心中的成見與偏見，培養發掘事實真相的能力，面對人生中各項大大小小的決定中，避免掉入「直覺」的陷阱中。

推薦序

消費心理──科學與生活的藝術

國立中正大學企業管理學系暨行銷與數位分析研究所副教授

游蓓怡

　　記得在學習個體經濟學的需求理論時，開宗明義的消費者需求定義：「需求是指在其他條件不變之下（ceteris paribus），消費者有能力且願意購買某個產品或服務的數量。」這個定義，對於身為學生的我而言，讓人感到困惑的一點，就是：什麼樣的情境可稱為是「其他條件不變」之下？哪些條件是不變的？經濟學所建構的世界，通常是假設消費者是「理性消費者」，所有產品和勞務的「價值」，有一個規則和順序決定。但在真實的世界裡，這些「價值」的決定，消費者有著不同的認知，消費者的偏好與理性與否，很難採用一式通用的原則來捉摸，因為消費

者所面臨的決策情境，也並非是以「其他條件不變之下」如此簡單，使得在行銷領域中，了解消費者心理及決策，是一項複雜又有趣的過程。

　　在大學任教「消費者行為」課程多年，最常遇到的問題，便是如何將生澀的心理學理論或名詞，轉化成淺顯易懂的語句，讓同學能理解這些概念，是怎麼讓行銷人員創造出更動人的行銷活動來改變及影響消費者的態度與行為。修課同學普遍對「行銷」或是「消費心理」有濃厚興趣，但對學科的理解，可能僅停留在被動地接收老師帶領研讀有趣的個案與實例上，後續的個案討論，往往因為同學先備知識的不足，使得個案教學，容易流於表面知識的傳遞，但缺乏更深入的探討。選用的教材中所出現的專有名詞，也缺少適合於行銷領域，更貼近目前語言情境的翻譯。高老師所撰寫之《直覺陷阱：擺脫認知偏誤，擁有理性又感性的 30 個超強心理素質》一書，正好就補足了我教學現場中的問題，讓我能從書中所選錄，與消費者相關的「效應」，在備課與教學過程中，獲得更多的啟發。例如在課堂中，讓同學能分別以「行銷者」及「消費者」的

角度來思考，這些消費者心理效應，有何具體的影響力，足以影響行銷活動的設計與績效？這樣的反思，也因有了這本深入淺出的書籍，讓同學更能理解心理學在行銷上的應用，也增添了同學們不少學習動機與興趣。

很榮幸在《直覺陷阱 2：認知非理性消費偏好，避免成為聰明的傻瓜》付梓之前，能先一睹內容。幾個常在課堂中出現的「心理帳戶效應」、「吸引力效應」、「妥協效應」、「稟賦效應」、「框架效應」選錄在本書中，正好串接了行銷人員一定要了解，如何利用消費者的認知偏誤，來誘發消費者作出各項決策等心理知識。書中所闡述的實例，正好說明了解消費者動機與決策之間的重要性。近年來收集消費者各項行為數據，利用量化分析來找出消費者的消費行為的規律與樣態，以作未來消費預測，儼然已成為顯學；正當所有的焦點都放在「大數據分析」之時，我認為若實務界能利用本書所提到這些消費者認知偏誤及驅動消費者行為的動機因素，亦能補足在實務上過於強調數據的缺點。

　　消費心理學是科學亦是生活的藝術，唯有更加了解驅動人思考及行為的機制與偏誤，才能讓行銷的活動更貼近人性，更加有人情味。

作者序

追求解決消費痛點，避開直覺陷阱，成為聰明的消費者

　　在過往 20 多年的教學經歷當中，無論是在授課或是演講的時候，我經常被問到一個問題，「消費心理與行銷管理有何不同？」這個問題實屬大哉問！簡而言之，傳統上行銷管理是以廠商面作為出發點，也就是廠商衡量本身的資源之後，充分利用資源於行銷手法上，以試圖獲取消費者的青睞；而消費心理的出發點則剛好相反，也就是先洞悉消費者的內心想法，再據以制定出符合消費者需求的行銷策略。

　　讓我舉個例子來看：現今市場上消費者的痛點之一，便是缺乏一款價格便宜、流明數高，且耗電低的微型投影機產品。然而有一家廠商最近推出的商品，卻主打進階功能與中等價位的商品，但耗電問題並沒有獲得明顯改善。換句話說，這家廠商與現有其他廠商並沒有明顯地作出市

場區隔，完全站在自己的研發水準作為新產品的考量。試問此種產品怎麼可能會受到消費者的歡迎？其中的癥結就在於廠商沒有解決消費者的痛點。

隨著時代的進步，消費心理的重要性也與日俱增，無論是在消費者個人的消費場景或是在企業經營的領域上皆是如此。因此市面上已有不少談論消費心理的書籍，而根據我個人的觀察，這些書籍雖不乏經典之作，然而有不少是由國外書籍翻譯而來，其中所舉的例子與本土消費者仍難免有隔靴搔癢之感。

除此之外，為了避免學者常犯的通病，也就是文章內容過於學術化而讓讀者無法親近，這本書決定仍然延續上一本《直覺陷阱：擺脫認知偏誤，擁有理性又感性的 30 個超強心理素質》的架構，以各種常見的消費心理效應作為文章呈現方式，各章節之間彼此並無連貫性，讀者可以不依順序跳著讀，也不會有摸不著頭緒的閱讀障礙。各效應之間並以作者個人的實務工作經歷與最新時事輔以說明，希望透過此種貼近生活的方式，能夠喚起讀者的共鳴。

　　這本《直覺陷阱 2：認知非理性消費偏好，避免成為聰明的傻瓜》之所以能夠完成，仍舊有賴於時報出版趙政岷董事長的不斷鼓勵與提醒。事實上每年的暑假其實是我反而比較忙碌的時刻，因為仍舊必須處理校內推廣部的授課事宜，以及準備撰寫國科會研究計劃案之新提案與舊提案之結案報告，再加上指導學生論文，其實空閒下來的時間並不多。但是由於我和趙董事長相交近 30 年，因此只好犧牲僅有的休閒時間予以完成，在完成每一章的內容之後，均先交給趙董事長過目，以確保內容方向無誤，也承蒙趙董事長提供許多專業與寶貴的意見，在此由衷表示感激之意。此外負責的編輯陳萱宇小姐也提供了許多專業的編輯意見，在此一併致謝。另外，我在清華大學曾指導的在職 MBA 學生，目前任職於乾瞻科技人力資源處的徐欣慧處長，也在幕後大力地協助本書的推廣事宜，也在此表達感謝之意。

　　與其他傳統的學者不同的是，我在進入學術圈服務之前，便已有多年的業界行銷實務與擔任企業顧問之經驗，深諳企業經營成功之道，便在於如何解決消費者的痛點。記得曾有一位 EMBA 的在職班同學曾經向我請教如何才能

在消費市場上有所斬獲？我的回答很簡單：「就是設法推出具有消費者需求，但目前市面上並不存在能滿足此種需求的商品！」換句話說，就是以消費者的考慮為出發點！唯有知己知「彼」（消費者），才能百戰百勝。因此本書除了教導讀者如何避免消費場景中常遇見之直覺陷阱，同時也提醒廠商，應該如何避免不當地操弄消費心理效應。

　　寫書這件事情，其實原來並不在我的人生規劃當中。然而由於上一本談論大眾心理學的《直覺陷阱：擺脫認知偏誤，擁有理性又感性的 30 個超強心理素質》意外獲得不少讀者的好評，也誘發了我撰寫這本以消費心理為主題的《直覺陷阱 2：認知非理性消費偏好，避免成為聰明的傻瓜》之動機。衷心盼望這本《直覺陷阱 2：認知非理性消費偏好，避免成為聰明的傻瓜》能夠帶給讀者些許收穫，讓大家成為能夠避免直覺陷阱的聰明消費者。

癸卯年七夕次日於漢密爾頓

基礎心法篇：
認知偏誤效應

(Cognitive Bias Effect)

（圖片來源：https://www.freepik.com/free-vector/ideological-difference-concept-illustration_23509009.htm#page=2&query=Cognitivebias&position=2&from_view=search&track=ais）（freepik 免費授權）

　　「認知偏誤」（cognitive bias）是思維和決策中的一
種系統性錯誤（systematic error），可能會影響消費者認
知、處理資訊與採取行動的方式。「認知偏誤」是大腦
用來簡化複雜資訊，並作出快速判斷的心理捷徑（mental
shortcuts）和運用「捷思法思考」（heuristic thinking）的
結果。雖然此種捷徑在某些情況下可能有助於迅速思考與
立即決策，但也可能導致不合理和未盡理想的決策。

　　認知偏誤在塑造消費者對產品、品牌和購買決策的心
理過程和決策方面具有極大影響力。了解這些偏誤有助於
廠商制定能與消費者產生共鳴，並克服潛在行銷障礙的策
略。

確認偏誤

　　在消費心理中，最常見的認知偏誤之一是「確認偏
誤」（confirmation bias）。「確認偏誤」是指消費者為了
證實先前存在的信念無誤，而致力去追尋有利於解釋該種
信念的資訊，而選擇性地忽略或淡化與之相矛盾的證據
的傾向。換句話說，消費者傾向於主觀地以符合他們現

有信念的方式過濾資訊，透過「選擇性注意」（selective attention）以強化他們自己的觀點和看法。

「確認偏誤」會對消費者的決策產生巨大影響。當消費者對品牌或產品原本就已抱持正面的看法時，他們更有可能尋找正面的評論、推薦和支持其正面觀點的資訊；另一方面，他們可能傾向於忽視或反駁負面評論和意見，以淡化或忽視產品的任何潛在缺陷。例如，當一位消費者正在考慮購買特定品牌的智慧型手機，如果他根據之前的經驗或廣告已經對該品牌產生了正面的看法，他可能會抱持正面的心態去尋找對該品牌正面的評論和用戶評價，以驗證他們既有的正面觀感無誤，其中任何負面評論或批評都可能被忽視，或被合理化為單一偶發事件。

同時，「確認偏誤」還會影響消費者處理行銷資訊和廣告刺激的方式。也就是說，消費者更容易接受符合他們現有信仰和目前偏好的資訊，因此行銷人員必須了解目標客群（target audience）目前的態度和價值觀。為了克服「確認偏誤」，企業和行銷人員可以採用一些策略，例如

提供平衡的資訊，揭露產品或服務的正面和負面資訊，也就是所謂的雙面訊息（doublc-sided message）。心理學的研究已指出，同時提出正面和負面的論點，有助於讓訊息接收者更容易被說服。因此，廠商提供具可信度和透明的正向和反向的資訊，反而有助於建立消費者的信賴和好感，即使這意味著承認商品或服務中潛在隱含的小瑕疵。

定錨效應

　　另一個常見的認知偏誤是「定錨效應」（anchoring effect）。當消費者在作出決定時過度依賴他們收到的第一個資訊時，就會出現此種偏誤。最常見的情況是消費者經常誤把第一次接觸到的資訊作為影響後續判斷的「錨點」（anchor point），即使此錨點與當前決策的相關性不高。

　　在消費情境當中，「定錨效應」可以在價格談判（也就是議價）過程中觀察得到。例如，當消費者遇到原價為 100 元但目前打七折的商品時，他們可能會認為促銷價格 70 元比其他店家的正常價格 70 元更優惠，即使兩者相比並無差異，此種認知偏誤便是來自於消費者傾向於以

原價 100 元當作錨點，並以七折作為撿到便宜的「收益」（gain），因此作出 100×70% > 70 的錯誤認知。但上面的例子是以一般人容易計算的整數作為舉例，如果在商品價格是非整數的情況下（例如 178 元打七折），一般人恐怕必須借助手機的計算機功能才能算出答案。

在買賣議價的過程中，可以透過設定的原始報價作為進一步談判的參考點（reference point）。例如，賣方可能為產品設定較高的原始價格，然後以買一送一或是打折的方式進行促銷，以此方式導致買方將任何後續的商品降價視為賣方重大的價格讓步。為了抵消「定錨效應」的認知干擾，消費者可以透過網路來比較心儀商品的市場行情，並且降低衝動性購物（impulse buying）的慾望。藉由考慮多種替代性商品選擇和價格範圍，消費者可以避免受到他們所遇到的第一條資訊的過度影響。

框架效應

「框架效應」（framing effect）是另一個會導致消費者產生認知偏誤的商業手法。框架（framing）是指同一

資訊但以不同的方式予以呈現，以造成消費者不同的認知
（perception）；廠商可以利用「框架效應」去影響消費
者如何認知和解讀資訊，因為同樣的資訊以不同的方式呈
現，可能會導致消費者不同的判斷和決策。

例如，廠商打算舉辦一項與改善身體免疫功能有關的
新產品之行銷活動，以「框架效應」的觀點來看，廠商有
兩種選擇：

強調購買的正面屬性（正面框架），例如：服用本產
品可顯著改善身體免疫功能。

強調未購買的負面屬性（負面框架），例如：若未服
用本產品，便失去顯著改善身體免疫功能的機會。

由於消費者對於健康的厭惡風險通常較高，因此消費
者通常會更加關注負面框架之訊息，也就是說負面框架之
訊息在消費者心中之權重比正面框架之訊息高，因此也更
有說服力。

框架還會影響消費者對風險（risk）和收益（gain）的看法。若以正面框架呈現資訊，也就是強調購買或使用產品或服務的好處，可以引導消費者關注潛在收益並忽視潛在風險。相反地，若以負面框架呈現的資訊強調與決策相關的風險或損失，可能會導致消費者變得更加厭惡損失風險。

在面對消費者選擇的情境下，「框架效應」可以影響消費者對某些產品或品牌的偏好。行銷人員可以策略性地選擇欲傳達的正面或負面資訊，以吸引消費者對正面結果的期待或對負面結果的迴避，以創造出購買的慾望。然而，廠商在運用「框架效應」時必須注意到道德考量，切莫以操弄或欺騙的方式呈現資訊，因為此舉可能會削弱消費者的信任和企業的商譽，從長遠來看反而會損害品牌的聲譽。

社會認同效應

「社會認同效應」（social proof effect）是另一種會顯著影響消費者的認知偏誤。「社會認同」是指依賴他人的行為和意見作為我們自己決策指南的傾向。當我們看到

其他人以某種方式行事或認可某種產品時，我們更有可能採取類似的行為或信念，也就是所謂的「從眾行為」（conformity behavior）。在消費者面臨不確定性或缺乏資訊的情況下，社會認同尤其具有影響力。

在社會認同的情況下，消費者會向他人徵詢意見與建議。例如，消費者外出用餐但不確定選擇哪家餐廳較好時，當看到某家餐廳外面大排長龍等待用餐的顧客，此一景象可能會傳遞出「這家餐廳是一個受歡迎且理想的選擇」的訊息線索。

社會認同的效果在行銷和廣告中已得到廣泛利用，例如名人或網紅的推薦和認可，可能會給消費者帶來可信度和信任感。電商平台和社群媒體上的評論和評分也可發揮社會認同的引導作用，進一步地影響消費者的購買決策。

錯失恐懼

「錯失恐懼」（fear of missing out, FOMO）的概念也與社會認同密切相關。「錯失恐懼」是指一種因為自己不

在場所產生的焦慮與持續性不安，因為相信其他人正在經歷令人愉快的事件，但因自己不在場而喪失親身體會的大好機會。行銷人員經常在行銷活動中使用「錯失恐懼」來營造一種緊急感和排他感，鼓勵消費者立即採取行動。為了抵消社會認同的影響，消費者可以練習批判性思維和培養獨立決策的能力，不要太易受他人影響，過度依賴他人的意見可能會導致從眾心理和衝動性決策，結果可能作出與個人偏好和需求不符的選擇。

稀缺性效應

在行為決策領域中，「稀缺性效應」（scarcity effect）已被公認會造成強烈的認知偏誤。「稀缺性」是指廠商透過人為的行銷手法讓消費者認為產品大受歡迎且供不應求，以增加消費者對該商品的認知價值和需求感，也就是近幾年大家耳熟能詳的「飢餓行銷」（hunger marketing）手法。

當消費者認為某種產品稀缺或供應有限時，他們可能會產生強烈的購買急迫感。由於擔心錯過機會，消費者可

能會採取捷思法，也就是幾乎不加思索地迅速採取購買行動，即使他們最初並沒有考慮購買。「稀缺性」常見於限時、限量的特價促銷情境，以營造出急迫感並鼓勵消費者立即採取行動。限時優惠、獨家產品、限量編號和「售完即止」的手法是廠商利用「稀缺性效應」的常見策略。然而，廠商必須以道德和透明的方式運用「稀缺性效應」，虛假或蓄意操弄稀缺性的手法，可能會削弱消費者的信任，並導致負面的品牌觀感。

稟賦效應

此外，「稟賦效應」（endowment effect）也是常見的消費者認知偏誤。「稟賦效應」是指與他們尚未擁有的同一物品相比，人們傾向於對他們已經擁有的物品賦予更高的價值。例如，如果消費者免費收到市價 200 元的試用贈品，他們可能會因為已經擁有它而對其賦予更高的價值；但如果同一商品在商店中以 200 元出售，消費者可能不太願意付 200 元購買。這與是否免費無關，而是與消費者是否已有該商品的「心理擁有權」（mental ownership）有關。也就是說，在擁有該商品後，消費者會覺得該商品的價值

大於或等於 200 元；但在擁有或購買該商品之前，消費者可能覺得該商品不值 200 元。

「稟賦效應」可以透過多種方式影響消費者的決策。例如，消費者可能不願意以當初購買的價格出售或放棄他們擁有的物品，即使他們不再需要這些物品，因為他們認為這些物品的價值比當初購買時更高。廠商可以利用「稟賦效應」來鼓勵消費者試用，透過提供免費樣品或試用，消費者可能會對產品產生心理擁有權和情感依附（emotional attachment），因而更有可能購買該產品。

損失厭惡效應

「損失厭惡效應」（loss aversion effect）是另一種顯著影響消費者決策的認知偏誤。「損失厭惡」是指消費者寧願將決策重心放在避免損失，而非從中獲利的傾向。換句話說，人們更願意避免失去他們已經擁有的東西，而不是獲得同等價值的東西。消費者的「損失厭惡」傾向會導致風險厭惡行為，並且不願意在不確定結果的事物上冒險。例如，即使目前市面上有似乎更具吸引力的替代品，

消費者可能更傾向於堅持使用熟悉的品牌和產品，以避免令人失望的體驗風險。

　　行銷人員可以利用「損失厭惡效應」來影響消費者的決策。例如，根據消費者因不選擇特定產品而可能遭受的損失來陳述行銷資訊，也就是運用「風險框架」（risk framing）的訴求，以讓消費者產生厭惡損失的心態而採取購買行動。為了減輕「損失厭惡效應」的影響，消費者可以重新釐清思維並將重心關注於潛在的獲益和好處，而非潛在的損失。依據決策的實際優點和缺點客觀地評估決策，有助於作出更加平衡和理性的選擇。

可得性捷思法

　　「可得性捷思法」（availability heuristics）是另一種顯著影響消費者心理的認知偏誤。「可得性捷思法」是指消費者在作出判斷或決策時，傾向於依賴即時且易於獲取的資訊，而非仔細評估所有的可用資訊。例如，當被要求估計特定事件發生的機率時，人們可能會依賴容易想到的生動且難忘的例子，而非考慮客觀的統計數據。也就是

說，「可得性捷思法」可能會因消費者選擇立馬可想到，或隨手可得的資訊，而導致產生具有偏見的看法並作出誤判。例如，如果消費者從網路或媒體上接觸到有關於某一品牌的負面評論，或從朋友處聽到相關的負面體驗，他們可能會對該產品或品牌產生負面的認知，即使該負面體驗單純只是一個偶發的獨立事件。

「可得性捷思法」與媒體影響力以及該媒體中的資訊框架具有密不可分的關係。媒體對負面事件（例如產品召回或涉及特定品牌的事故）的報導，常常可以塑造或扭轉消費者對某一特定品牌的看法，甚至進一步地影響消費者的決策，此一現象均可歸因於消費者過於倚賴「可得性捷思法」。為了減輕「可得性捷思法」所可能帶來的誤導，消費者可以善用認知資源（cognitive resource）去尋求並仔細分析各種資訊和觀點，以幫助個人作出更明智和理性的判斷。

從眾效應

「從眾效應」（conformity effect）是另一種會影響消

費者決策且常見的認知偏誤。「從眾效應」是指人們所抱持的信念或採取的行動是受到眾多他人影響的傾向。「從眾效應」經常會影響消費者對品牌認知與後續的購買決策。當消費者看到其他人認可或使用特定產品或品牌時，他們可能更傾向於仿效，這可歸因於消費者通常具有避免「社會排除」（social exclusion）的心態，因為和他人採取相同行為有助於融入他人。

「從眾效應」經常用於行銷和廣告活動中，以營造商品大受歡迎的形象。例如，強調已購顧客正面體驗的推薦內容，可以鼓勵尚未決定購買的消費者嘗試購買該品牌的商品。為了降低「從眾效應」的衝擊，消費者可以多加關注本身的價值觀和商品偏好，並根據個人需求作出決定，而非一味盲目地隨波逐流。

光環效應

另一種常見會影響消費心理的認知偏誤是「光環效應」（halo effect）。「光環效應」是指根據單一特定正面特質或屬性而對某一對象或品牌作出判斷的傾向。換句話

說，如果某人認知到另外一個人或某品牌的一種正面特質，他們更有可能認為該標的物應該也擁有其他正面的特質。從消費者的角度觀之，「光環效應」常常會影響品牌認知和品牌偏好。例如，如果消費者對某個品牌的客戶服務有正面的觀感，他們可能會認為該品牌的產品品質也很優秀，即使他們尚未購買。

　　「光環效應」也會受到行銷和廣告的影響。一個始終將自己定位為優質和高級形象的品牌，可以營造出奢華和令人嚮往的外在光環，會讓消費者聯想到該品牌商品的設計與質感一定高人一等，但事實上產品品質與此種形象未必完全相符。為了避免受到「光環效應」的誤導，消費者可以以客觀的心態來進行品牌評估並作出是否要購買的決策，而非受到產品單一屬性所左右。系統性地根據產品的具體屬性進行研究，並參考他人的使用經驗，將有助於消費者本身作出更明智與更理性的選擇。

鄧寧 - 克魯格效應

　　「鄧寧 - 克魯格效應」（Dunning-Kruger effect）是一

種認知偏誤，會影響消費者的自我評估信心。「鄧寧 - 克魯格效應」是指在特定領域能力較低的個人，往往會高估自己技能和專業知識的傾向。以消費心理的觀點看來，「鄧寧 - 克魯格效應」可能會影響消費者的購買決策和品牌忠誠度。一言以蔽之，缺乏特定產品類別知識或專業知識的消費者，反而可能會主觀地自以為擁有高度的專業知識，從而導致他們作出未盡如人意的選擇。例如，對攝影設備產品知識有限的消費者，可能會高估自己選擇高品質相機的能力，最終購買的產品根本無法滿足他們原本的需求。

「鄧寧 - 克魯格效應」還會剝奪或降低消費者向專業人士或有經驗的用戶尋求建議和推薦的意願。對自我能力的判斷過於自信的消費者，通常不太願意尋求外部資訊的協助，即使此舉可能會導致更好的決策品質。為了避免「鄧寧 - 克魯格效應」的干擾，消費者必須保持謙遜的心態，並體會到自己在某些領域的局限性，多多向專家和經驗豐富的人士尋求建議和協助，將有助於自己作出更明智與更理性的決策。

單純曝光效應

　　「單純曝光效應」（mere exposure effect）是另一種顯著影響消費者心理的認知偏誤。「單純曝光效應」是指人們對經常重複接觸的事物容易產生正面觀感的傾向，即使此種接觸是在無意識之下進行。對於消費者而言，「單純曝光效應」足以影響他們對品牌的認知與偏好程度。傳統的廣告研究指出，持續在各行銷媒體與網路上大打廣告的品牌或產品，有助於建立品牌知名度和熟悉度，進一步導致目標客群對之產生正面的觀感。為了減輕「單純曝光效應」的可能誤導，消費者可以在作出消費決策之前詳盡地尋找各種資訊，並列出一系列的選擇集合（choice set），以幫助個人作出更明智的選擇。

狄德羅效應

　　「狄德羅效應」（Diderot effect）是另一種可能影響消費者心理的認知偏誤。「狄德羅效應」又稱為「配套效應」（matching effect），是指新購的物品可能會引發後續連鎖性消費，從而導致購買額外的物品來匹配當初新購物品的趨勢。植基於消費心理的「狄德羅效應」，毫無疑問

地足以影響消費者的購物決策。例如，當消費者購買新衣服後，他們可能會覺得需要購買配套的配件或鞋子來塑造完整的外型。「狄德羅效應」廣被運用於行銷上，以鼓勵消費者增加購買的品項和數量。為了抵抗「狄德羅效應」的誘惑，消費者必須評估不在計畫清單中的額外購買品項是否真正有其必要性，同時購物前設定明確的購物清單，將有助於消費者避免陷入「狄德羅效應」所帶來的無止盡消費循環。

　　總之，認知偏誤會顯著影響消費者的決策過程，從影響消費者如何過濾資訊以符合他們先前信念的「確認偏誤」，到基於單一正面特質而影響品牌整體認知的「光環效應」，這些偏見都可能會導致對消費者作出不當的決策。行銷人員可以利用這些認知偏誤來影響消費者的購買決策；另一方面，消費者可透過理解這些認知偏誤在決策過程中的角色，以增強自己的判斷能力。消費者如能充分意識到這些偏見，將有助於個人作出更明智的選擇，避免落入非理性和不佳決策的直覺陷阱。

定錨效應

(Anchoring Effect)

──殺價時先下手為強！

ANCHORING EFFECT

（圖片來源：作者自行在國外超市拍攝）

　　「定錨效應」（anchoring effect）是指消費者在作出決定時過度依賴他們所收到的第一筆資訊以作出判斷的傾向。例如，如果某家商店以一開始以較高的價格出售產品，然後進行打折促銷，則消費者有可能認為折扣後價格很划算，即使該店的最終價格仍然高於或等於其他商店的正常價格。此種手法經常在促銷期間被廣泛使用，以影響消費者對商品價格的看法。

　　從心理學的觀點來看，「定錨效應」屬於一種認知偏誤（cognitive bias），它使得消費者在評估選項時過度依賴他們所收到的第一筆資訊，進而影響個人作出決策的方式。由於消費者經常在市場上遇到各種各樣的選擇，此種心理現象對消費者行為具有重大影響。

定錨效應實驗

　　2002 年諾貝爾經濟學獎得主丹尼爾‧卡尼曼（Daniel Kahneman）和艾默士‧特沃斯基（Amos Tversky），率先提出了「定錨效應」以說明消費者在決策中常犯的認知偏差。他們在 1974 年發表於美國《科學》（Science）期

刊中一篇標題為〈不確定性下的判斷：捷思法和偏見〉（Judgment under Uncertainty: Heuristics and Biases）的文章中，作了一個有關於「定錨效應」的有趣實驗：

受試者被要求旋轉一個幸運輪盤，上面有 0 到 100 的數字，然後回答兩個問題：

1. 非洲國家在聯合國的比例，比你剛才旋轉出的數字大還是小？

2. 非洲國家在聯合國的比例，你的估計比例是多少？

輪盤上旋轉的隨機數字影響了受試者對兩個問題的答案。如果旋轉出的數字較高，受試者往往會對非洲國家在聯合國的比例作出較高的估計；而假使旋轉出的數字較低，則會導致估計值較低。也就是最初旋轉出的隨機數字會被視為錨點，使受試者隨後的判斷產生偏差。

可得性捷思法與恰感差量

簡單地說，「定錨效應」是由於我們的大腦處理資訊和作出判斷的方式而發生的認知偏誤。人們常常會不由自主地以第一個接觸到的資訊來當作「參考點」（reference point），或者說是「錨點」（anchor point），用以衡量後續資訊的價值；特別是在面對複雜的決定或模棱兩可的情況時，我們的大腦通常依靠捷思法（heuristics）來得出更快速的結論。此外，由於人類先天的不理性之故，錨點可能發生在任意時間或地點，只要錨點一旦形成，它便會顯著影響個人對後續資訊的認知與評估。例如，在評估產品的價值時，廠商的建議售價常常被消費者視為錨點，當作評估該商品之價值與品質的線索（cue）。然而，此一現象經常會由於廠商刻意地操弄售價，而造成消費者作出不當的判斷。

從本質上來看，「定錨效應」是透過多重心理機制的交互作用而產生的。首先，由於天性之故，人類對於外界的刺激經常是採取認知怠惰的處理方式，也就是在面對決策時，特別是針對非重要性的決策，大腦常常會默認走認

知捷徑來減少認知負荷（cognitive load）。而錨點恰巧就提供了此種認知捷徑，使大腦免於花費過多的認知心力（cognitive effort）。不僅如此，錨點會一直保持於內心深處，並持續影響後續的決策評估，即使此一錨點未必與後續必須處理的決策相關。

此外，「可得性捷思法」（availability heuristics）更加劇了「定錨效應」；也就是說，當消費者面對排山倒海的資訊時，會善用手邊可擷取的資訊當作錨點作出後續判斷的基準，以減輕認知負荷的壓力。

相信大家都有去大賣場購物的經驗吧？在賣場貨架上常常可見到標示著原價的白色標籤和標示當前特價的黃色標籤，標示原價的目的就是希望消費者能夠把原價當作參考點，再與現在特價的價格比較，以感受到價格的折扣。可惜的是，許多賣場的原價和特價差異十分小，令消費者感受不到廠商的降價誠意。例如，原價 200 元，特價 195 元。此時原價 200 元被當作是參考點，但是由於「恰感差量」（just noticeable difference, JND）的不足，「定錨效應」

恐無法發揮作用。

　　讓我們來看看什麼是「恰感差量」？德國物理學家韋伯（Ernst Weber）在 1834 年提出了「韋伯法則」（Weber's Law）來說明「恰感差量」。他注意到，當增加原始刺激強度時，第二個刺激需要增加更大的強度，才能讓人們察覺到這兩個刺激之間有差異。而此種讓人感受這兩個刺激有差異的最小差異量，即是「恰感差量」。而且，無論原始刺激的強度如何，此種關係都成立。

　　「韋伯法則」的公式是：$K=（\Delta I / I）$。K 代表常數，此一常數會隨著各種感官的不同而有所不同，也就是說聽覺、味覺、嗅覺等的 K 值可能都不同。ΔI 代表要產生「恰感差量」所需要刺激強度的最小差異量，而 I 則指原本的刺激強度。以前面大賣場的例子套用「韋伯法則」來看，$K=（200-195）\div 200=0.025$，遠遠低於「恰感差量」一般所需 K=0.1 的數值。因此即使「定錨效應」存在，亦不足以消費者產生對降價有感。

　　「定錨效應」的核心關鍵在於原始資訊的重要性，因為最先呈現的資訊往往在消費者的腦海中佔據著最重要的主導地位，會被消費者牢牢地記住，並在後續的消費決策中被賦予更多的權重，也就是扮演了更具決定性的角色。而且當消費者評估相對於錨點的後續資訊時，往往會根據此一「初始參考點」（initial reference point）進行調整，但這些植基於初始參考點而對於後續資訊所作出的調整，由於權重不如初始參考點，往往造成調整的幅度不足，最終造成判斷失準。

定錨效應可以幫助消費者與廠商作出更明智的決策

　　如前所述，廠商在運用折扣手法時經常會加入原價作為定錨，讓消費者自行作出原價 vs. 特價的對比，以營造出超值優惠的感覺。我們來看個實際的案例：

　　以前我有個在職 EMBA 班學生有一次和我閒聊時，向我大吐苦水，抱怨今年的外銷耶誕燈飾的生意不如以往，他摸不著頭緒的是，款式與品質都與去年相仿，而且價格比去年更加優惠，但為何訂單數量不如去年？我請他

把今年的產品 DM 拿給我看一下。我看了一眼 DM，便發現可能的問題點：只見該 DM 上僅以紅字標示今年的優惠價，並未見到去年的價格。我便告訴他應加上去年的售價，他不解其意，於是我便告訴他，加上去年的售價之用意，在於讓去年的售價成為參考點，讓消費者感受到今年的售價確實比去年划算。他照作之後果然業績有所成長，連忙不迭地向我致謝。這便是「定錨效應」實際應用的一個真實案例。

　　想必許多人都有殺價經驗吧？殺價基本上是一種買賣雙方的心理鬥智的過程，但不要以為殺價是華人的獨門絕活！我有一次在香港旺角的通菜街（俗稱「女人街」），親眼見到老外利用計算機和老闆討價還價！在殺價場景中，「定錨效應」可以顯著影響最終的成交價格。殺價過程中提出的第一個報價為後續還價過程中奠定了基礎，通常率先提出報價的一方會佔有將價格導向於對自己有利的優勢，也就是「先下手為強」的概念！因為先報價的價格通常會被當作錨點，後續出價的一方通常不可避免地只能根據此一錨點進行出價。

　　雖說率先出價的一方（通常是賣方的既定價格）具有先天的價格優勢，但買方並非只有招架之功而無還手之力！在殺價的過程當中，買賣雙方各自擁有潛在的錨點優勢。

　　當賣方為產品或服務的價格設定為較高價時，此時此一較高的價格會被視為是錨點，可能會導致更高的最終成交價格，也就是「賣方優勢」（seller's advantage）。如果是在衝動性購買的場景，消費者通常缺乏認知資源（產品知識、時間、心力）去搜索相關的產品資訊，只能根據最初賣家所設定的高定錨加以調整並出口還價，如此一來通常是賣家會得到較有利的結果。

　　相反地，當買方若能作到內心一片空明，對賣家的報價無動於衷，反而在殺價時以自我標準提出極低的出價時，便形成了向下的錨點，也就是取回了價格的主動權，也就是「買方優勢」（buyer's advantage）。此時，成交考量會迫使賣方根據買方的出價而作出價格退讓的調整。如此一來，便可能會給買家帶來較為有利的結果。

　　除了日常的逛街購物之外，人生中最重要且可能是交易金額最大的交易恐怕非房地產交易莫屬。試想一下，今天你如果打算買房，是否通常是透過房屋仲介的網站或 DM 中去過濾符合本身條件的物件？此時的房屋仲介的網站或 DM 上的價格便形成了價格的定錨，也就是賣方優勢的價格錨點。此時房仲便會以當初的掛牌價格作為後續的價格談判定下基調，若是買方無法善用時機取回買方優勢的錨點，很有可能便被房仲一路牽著鼻子走，最後付出不盡理想的價格。

　　「定錨效應」不僅出現在價格比較的情境，也常見於產品比較的場景。消費者在評估多種品牌的同一種產品時，所遇到的第一個品牌可能會被當作參考點，而發揮定錨的作用，也就是把第一個品牌的各種屬性和價格的綜合屬性當作指標，據以對後續其他品牌作出相對性的評估。因此，各品牌展示在消費者面前的順序，也會影響消費者的偏好。

　　「價格 vs. 品質」也很容易被消費者當作錨點，作為

判斷是否購買的依據。例如。高檔或奢侈品可以作為消費者主觀評估同類其他產品的基準。一般消費者都有「一分錢，一分貨」、「價格愈高，品質愈好」的迷思，也就是誤把主觀的「認知品質」（perceived quality）當作價格的錨點。消費者習慣性普遍認為高檔或奢侈品的品質優越，並以價格作為品質認知的線索（cue），而據以認為其他產品由於價格較低所以品質較遜，即使客觀差異很小。我有位女性友人經常把隨身的 iPad、手機、筆電等物品一股腦地全放進號稱 NeverFull 的名牌包中，我有一次便笑著說到，「就算是精品品牌也不能違反物理原理啊！」

錨點在鞏固消費者認知方面扮演了極度重要的角色。高檔奢侈品的品牌可以以現有的產品類型作為錨點，並發展出品牌延伸（brand extension），進而影響消費者對該品牌旗下所有產品的看法。例如以鋼筆起家的萬寶龍（Mont Blanc）推出男性服飾配件（例如，皮帶、皮夾），與以香水精品起家的香奈兒（Chanel）推出女性手錶。消費者應該注意的是重視該品牌的本業產品，勿讓品牌錨點隨廠商起舞，以免作出不理性的購買決策。

　　了解「定錨效應」可以幫助消費者作出更明智的決策。為了減輕「定錨效應」所帶來的潛在負面影響，消費者不妨採用「反定錨」的作法：也就是不要把單一產品當作唯一的錨點，多考慮其他替代品並同時列為錨點彼此比較，如此可以幫助消費者避免來自單一參考點的偏頗影響。更加釜底抽薪的作法便是完全忽略定錨，以個人的標準去重新評估選項，如此便可以減少「定錨效應」的影響。

　　「定錨效應」是探討消費者認知偏誤中不可忽略的一個重要議題，它對塑造消費決策產生了重大影響。以宏觀的視角來看，「定錨效應」有助於我們了解認知偏誤和人類不理性判斷的成因。透過了解「定錨效應」背後的心理機制，消費者和行銷人員都可以描繪出更明智、客觀和深思熟慮的決策前景。

基本心法 ─────────────────

為了抵消「定錨效應」的認知干擾，消費者可以透過網路來比較心儀商品的市場行情，並且降低衝動性購物（impulse buying）的慾望。藉由考慮多種替代性商品選擇和價格範圍，消費者可以避免受到他們所遇到的第一筆資訊的過度影響。

稀缺性效應
(Scarcity Effect)
——物以稀為貴？

SCARCITY EFFECT

（圖片來源：作者自行在國外超市拍攝）

商品的稀缺性（scarcity）和消費者的「錯失恐懼」（fear of missing out, FOMO）心態具有密不可分的關係。如果消費者認為某種產品的數量或機會有限，他們就更有可能因一時衝動而購買該產品。稀缺性會讓消費者產生一種心理壓力，引發對錯過機會的恐懼，而此種錯過機會的感受，便代表了消費者可能會喪失獲得「好康」的機會，對消費者而言是一種實質或心理的損失。例如，限量版產品、限時優惠或「售完即止」等廣告口號，無一不運用了「稀缺性效應」以鼓勵消費者不要再三心二意，把握有限的機會迅速採取購買行動。

稀缺性效應的定義與研究

「稀缺性效應」是一種心理現象，描述了當消費者認為某一商品供不應求或可能有錢也買不到時，消費者如何認知和評估該商品是否應該立即下手購買。「稀缺性」原本是古典經濟學（classical economics）中的一個基本概念，描述了市場之供給需求量所決定的價格水準：當市場的供給量低於需求量時，便會造成商品稀缺性，使得商品價格上升。但隨著廿世紀「行為經濟學」（behavioral economics）的興起，對「稀缺性」的探討遠超出了原本古典經濟學所涉獵的範疇。

在消費心理學和行為經濟學的領域，「稀缺性效應」就像一座高聳的摩天大樓，為個人在面臨選擇時所需作的決策投下陰影。「稀缺性效應」植基於人類對稀有的物品抱有害怕失去的本能，此種人性的弱點會促使消費者放棄「系統性思考」（systematic thinking），迅速採取購買行動，以確保能購買到稀有或具有獨特產品利益的商品。

從經濟學的觀點來看，「稀缺性效應」的概念源自人類需求與有限資源供給之間的緊張關係。而從心理學的論點觀之，此種緊張關係已不僅限於單純的供給需求現象，而涉及了供給不足所造成的心理壓力。由行為經濟學宗師艾默士‧特沃斯基（Amos Tversky）和丹尼爾‧卡尼曼（Daniel Kahneman）所主張的「稀缺性效應」，強調隨著資源或產品的數量日趨稀少，不僅是市場價格會隨之升高，消費者對該商品的主觀認知價值和需求往往反而會提升。由於此一觀點涉及了錯綜複雜的心理決策機制，因此

為個人評估選項的過程增加了幾許複雜性。

　　關於最著名的「稀缺性效應」研究，是史蒂芬‧沃徹（Stephen Worchel）在 1975 年進行的一項實驗。實驗情境是為受試者提供罐裝餅乾：一個罐子裡有 10 塊餅乾，另一個罐子裡則有 2 塊餅乾。研究結果顯示，受試者更喜歡罐子裡只有 2 塊的餅乾，儘管兩個罐子裡的餅乾是完全一樣的！因此我們可以推論：當某樣物品很稀有時，它就變得格外誘人，無論物品本身原本的價值如何！心理學家早就指出，如果你能讓某種物品顯得稀有，那麼它就會更受歡迎。

　　「稀缺性效應」會放大了物品的認知價值（perceived value），無論其原本的效用或品質如何。其背後的心理機制是由於稀缺性會引發急迫感和競爭感，消費者更傾向於會把稀缺性的物品賦予更高的主觀價值，無論是奢侈品或日常生活用品均無不同。例如，各廠商經常運用限量版商品的手法來蓄意限制供應量，藉以利用稀缺性來製造出消費者「此時不買，遺憾終生」的恐慌心態，並藉此將自家

商品由純粹的功能性物品，提升為地位和身分的象徵。

錯失恐懼

　　「稀缺性效應」與「錯失恐懼」具有密不可分的關係。「錯失恐懼」被定義為「一種普遍的擔憂，即其他人可能會獲得有利的經歷，而自己卻未能躬逢其盛」，它的特性是渴望與他人正在作的事情不會脫節。簡而言之，「錯失恐懼」描述了當人們相信其他人正在享受自己未能參與的正面經歷或有利機會時所產生的焦慮或不安。網路興起之後，反而愈來愈多人感到強烈的社會疏離感，因而害怕受到社會孤立。「稀缺性效應」某種程度上便利用了消費者此種對社會疏離感的恐懼，誘使消費者立即採取行動，以避免錯過限時／限量優惠、獨家產品或獨特體驗。

　　然而，「錯失恐懼」並非僅止於此，它也隱含了所謂的「不對稱控制」（asymmetrical control），也就是人們總是在追求不易或無法擁有的東西。例如，有一項關於「錯失恐懼」的有趣研究，該研究向一群女性受試者展示了一位可能的夢中情人的照片。其中一半的女性被告知該男子

是單身，另一半則被告知他正在戀愛中。結果顯示，有59%的女性表示她們有興趣與該名單身男子交往，但當她們後來被告知該名單身男子已有對象時，這個數字躍升至90%！此一實驗再度證明，如果某樣東西是稀有的，我們就會更加害怕失去而想要擁有。

連古希臘哲學家亞里斯多德（Aristotle）也注意到了稀有性是一種有趣的現象，他曾說：

「這就是為什麼只有在很長的一段時間內才會出現在我們面前的事物是令人愉快的，無論是一個人還是一件事。因為它與我們以前的情況有所不同，而且，只有在很長一段時間內未出現的人事物才具有稀有的價值。」

在消費情境中，「稀缺性效應」可以透過多種方式表現出來，其中一種最常見的行銷手法便是限時優惠，也就是某品牌透過短期促銷產品或服務來營造時間急迫感。限時優惠讓消費者產生在優惠到期前迅速採取行動的動力，以免錯過獲得優惠的機會。但如果實際販售的時間過長，

那麼原本喊出的「稀缺性」反而會喪失價值，消費者就會變得因過於習慣而視而不見了。

　　以前台北衡陽路有一家鞋店，一年四季都標榜著「租約到期，結束營業清倉大拍賣」，結果歷經數年仍在營業，久而久之消費大眾就對之視若無睹而無感了。除了限時優惠以外，限量優惠也是一種利用「稀缺性效應」的行銷手法。但曾經有一項關於零售業的研究指出，如果店內貼有「特價」標籤的商品超過全店商品總數的 30%，此時「稀缺性效應」的吸引力就會降低。

　　也許很多人不知道台灣的電視購物頻道十分具有可看性，無論從娛樂性（廠商與購物專家經過套招的殺價戲碼）與商業性（加量不加價、限時限量等行銷手法）的角度觀之均如此。特別是電視購物頻道中的限時限量優惠活動，搭配倒數計時的碼錶聲音，以及庫存數量快速下降的告示牌，無一不牽動著觀眾的心弦，彷彿聲聲呼喚著要觀眾趕快採取購買行動，以免錯過最後的優惠活動而遺憾終生……，可說是把「稀缺性效應」與刺激消費者的「錯失

恐懼」發揮到淋漓盡致。

廠商對稀缺性效應的運用

除了一般消費品之外，奢侈品和高檔商品領域也常常運用「稀缺性效應」。例如，奢侈品牌通常會限制其產品的生產數量或銷售通路，藉此以營造出排他性和稀缺性的氛圍。接著，我們便來看看愛馬仕（Hermès）的鉑金包是如何地運用「稀缺性效應」來營造出「精品中的精品」的消費者認知：

對於很多女性消費者而言，擁有一個愛馬仕的鉑金包（Birkin），是一輩子的終極夢想。鉑金包背後所隱含的不止是財富和地位的象徵，甚至許多明星名人也以此作為高調炫富的手段。鉑金包的平均價格大約是 6 萬美元，雖然要價不菲，但這個價格對於有錢人而言，只不過是一個零頭數字而已。所以價格並不是重點，關鍵是愛馬仕的鉑金包並非單純一次性砸錢就能買得到的，據說必須先累積購買相當於一個鉑金包價格的配件或其他商品，才有資格排隊列入鉑金包的等候名單之中。

　　一般而言，廠商都希望上門的顧客絡繹不絕，理應不會有廠商嫌自己生意太好而把顧客往門外推，一定是肯掏錢購買的顧客越多越好，但愛馬仕則另闢蹊徑。愛馬仕對於鉑金包採取了兩大行銷主軸：超高定價與塑造出商品的稀缺性。

　　除了頂級價格之外，消費者想買到鉑金包的平均等待時間大約二到四年，拜此種策略之賜，讓愛馬仕的鉑金包成為財富和地位的象徵。根據愛馬仕的官方說法，等待時間會這麼久，主要是因為鉑金包是由法國本地的工匠手工生產，再加上生產鉑金包的皮革之產量也有限。姑且不論這種說法是否為真，但愛馬仕確實創造出了市場上的稀缺性，靠著人為打造出的稀缺性，以及設定顧客購買資格的高門檻，愛馬仕成功地塑造出唯我獨尊的頂級奢華品牌形象。

　　愛馬仕並非運用「稀缺性效應」的特例。不少消費者願意為高檔商品支付溢價（premium price），也就是付出比購買一般商品更高的價格，因為他們將稀有性與高價和社會地位畫上等號。例如，限量版奢華時尚單品或具有收

藏價值的奢侈品，通常採取限量發行的行銷手法，透過對消費者營造稀缺感，以打造出尊貴的品牌形象。對於高所得消費者而言，擁有稀缺或獨特的商品已成為他們向他人展示自己身分地位和品味的一種方式，此一心態更進一步強化了「稀缺性效應」。

　　除了實體的商品之外、體驗服務的行業對「稀缺性效應」的運用也不遑多讓，「稀缺性效應」可以促使消費者付費參與獨特或獨家的體驗活動。例如，音樂會、體育賽事或特別表演的門票往往是有數量限制的，此種「稀缺性效應」對於渴望獲得席位的粉絲可說是具有致命的吸引力。舉例而言，五月天每年的演唱會每每造成搶購熱潮，甚至買不到票的歌迷在網路上購票而遭到詐騙的新聞事件也時有所聞，由此可見稀缺性的威力！此外，在旅遊行業中，「稀缺性效應」也被充分運用，例如在年度的台北國際旅遊展中，各大旅行社或航空公司大推限時旅遊優惠和限時搶購，造成消費者經常不假思索地預訂旅行團或機票，以避免錯過優惠折扣價。

　　然而，廠商必須十分謹慎，不要過度濫用「稀缺性效應」，因為如果不真正執行「售完不補、逾時恢復原價」或「限量商品絕不再版」的承諾，可能會導致消費者對該品牌的承諾產生懷疑，廠商可以透過對其產品的供應情況保持透明化，並確保「售完不補」等的稀缺性聲明的真實性來解決這些問題。

　　此外，廠商可以利用「稀缺性效應」作為客戶保留和提高品牌忠誠度的工具。透過向忠實客戶提供獨家獎勵或專屬福利，廠商可以為 VIP 客戶營造出排他性和高人一等的優越感。

　　最後，「稀缺性效應」還有另一個值得探討的面向，便是它對衝動性購買行為所造成的影響。當消費者遇到商品的限量或限時優惠時，他們可能更容易因一時衝動而作出不理性的衝動購買決策；也就是說，「稀缺性效應」所造成的心理壓力（psychological stress），可能會凌駕於消費者的理性決策過程之上，導致他們根據捷思法下的情感和即時慾望採取行動。然而，廠商還必須注意到消費者衝

動性購買的潛在後遺症，例如消費者的購後悔恨或不滿。
為了降低衝動性購買所產生的風險，並維繫與消費者日後
長久的關係，廠商可以提供消費者降低風險的作法，以讓
他們在購買之時無後顧之憂，例如，提供無理由退貨政策
或退款保證。透過向消費者保證「不滿意無理由退款」，
廠商可以把「稀缺性效應」發揮至極大化。

基本心法

為了抵消「稀缺性效應」的影響，消費者可以練習批判性思維和培養獨立決策的能力，不要太易受廠商宣稱數量或時間有限的影響。過度依賴廠商所提供的意見可能會導致不理性的衝動性決策，結果可能作出與個人偏好和需求不符的選擇。

選擇超荷效應

(Effect of Choice Overload)

——多未必好！

EFFECT OF CHOICE OVERLOAD

（圖片來源：作者自行在國外超市拍攝＋人物合成）

　　「選擇超荷效應」（effect of choice overload）又稱為
「少反而好」效應（less-is-better effect）。雖然有眾多選
擇通常是一件正面的事情，但過多的選擇可能會讓消費者
不知所措並導致決策癱瘓。當面臨過多選擇時，消費者可
能難以作出決定而導致決策遞延（decision deferral），或
是對最終的選擇感到不滿意。廠商可以透過提供消費者
數量適當的選項，並採用明確的決策輔助工具來優化其產
品，藉此減少消費者面臨選擇過多而產生的負面觀感。

選擇超荷效應起源與研究

　　在數位時代，消費者不斷受到資訊、廣告和產品推薦
的資訊轟炸，使得他們難以過濾掉垃圾訊息並作出有意義
的選擇，大量的資訊可能會導致消費者脫離現實並被資訊
淹沒，反而導致他們可能選擇逃避作出決策。「選擇超荷
效應」是一種心理現象，它描述了過多的選項如何導致消
費者決策困難，甚至決策癱瘓。當面臨大量選項可供選擇
時，消費者可能會發現很難作出決定，從而導致壓力、焦
慮和不安感。

「選擇超荷」起源於人們的認知資源（cognitive resource）不足以處理現有資訊，也就是心理學上所謂的「認知負荷過重」（cognitive overload）。「認知負荷」是一個多元性的概念，它包括「心智負荷」（mental load）和「心力」（mental effort）。當面臨待處理的資訊過多使得個人難以處理，或缺乏足夠的認知資源時，人們的認知負荷就會增加。心理學家已經指出，高度的認知負荷會促使人們依賴直覺（intuition），或是採取「周邊路徑」（peripheral route）中的捷思法（heuristics），而不是「中央路徑」（central route）中的系統性分析（systematic analysis）去處理資訊。換句話說，當人們處於高認知負荷的情況下，可能會採取捷思法，而非系統性的訊息處理方式。

心理學家希娜・艾揚格（Sheena Iyengar）和馬克・萊珀（Mark Lepper）曾做過一項有關於「選擇超荷」的消費心理研究：他們在一家食品賣場進行了一項實驗，向顧客展示了果醬樣品。在第一個場景中，他們展示了 6 種口味的果醬，但在另一種場景中，他們展示了 24 種

口味的果醬。儘管 24 種口味的果醬之選擇性較多，但當
可選擇的果醬只有 6 種時，顧客購買的可能性卻高出 10
倍之多。此一研究和隨後關於「選擇超荷」的研究都揭
示了，過多的選擇可能會導致消費者產生決策疲勞，評
估和比較替代方案所需的超額心力變得難以承受，因此
常常會出現所謂的「選擇困難症」（decidophobia）。為
了避免發生選擇困難，因此消費者可能會選擇默認選項
（default choice）、決策遞延（decision deferral）或逃避
選擇（choice avoidance）。

廠商對選擇超荷效應的應用

　　「選擇超荷效應」可能會對品牌績效產生重大的影
響。通常品牌廠商可能會試圖向消費大眾提供多元化的產
品，以滿足不同類型消費者的喜好。然而，過多的選擇可
能會適得其反，導致消費者滿意度下降和購買慾下降。為
了解決選擇過多的負面影響，廠商必須策略性地思考所欲
推出的商品種類與數量。例如，策劃選擇並提供一組種
類數目較小、但更專精的選擇集合（choice set），以滿足
特定消費者的需求和偏好，也就是走所謂的「利基市場」

（niche market）路線。此種方法可以簡化決策過程，使消費者更容易評估選擇並作出決定。

另外一種作法則是，廠商還可以在其網站上設計決策工具和條件篩選器，以幫助消費者根據特定標準縮小選擇範圍。例如，以提供價格範圍、產品功能或客戶評級作為條件加以過濾，使消費者能夠根據本身的需要而作出選擇，以減輕選擇過程中的認知負荷。

此外，廠商可以利用大數據的演算法，也就是根據消費者之前的購買行為和偏好來推薦產品或服務。個人化推薦可以幫助消費者找到相關的選擇，並減輕篩選大量選項的心智負擔。例如 eBay 網站在消費者進入結帳頁面之前，會貼心地提醒從前買過該項商品的其他消費者，同時也會購買哪些商品。透過這些推薦清單，不但可以減輕消費者的認知負荷，也有助於提高每單筆交易的銷售金額，可說是雙贏策略。

除了決策疲勞之外，「選擇超荷」也可能會導致消費

者採取「選擇遞延」的措施。也就是當面臨令人眼花撩亂的眾多選擇時，消費者可能會延遲作出決定或完全避免作出決定，此種選擇的遞延可能會導致廠商失去商品的立即銷售機會。

廠商可以透過實施減少消費者所需的認知心力以促進決策的策略，來解決消費者選擇遞延的問題。例如，提供限時促銷或特別優惠可以營造一種急迫感，以鼓勵消費者儘早作出決定。此外，廠商可以提供決策輔助和資源，例如產品比較、客戶評論和專家建議，幫助消費者作出更符合本身需求的選擇，也就是透過預先提供必要的資訊，以便於讓消費者更有信心地作出決策。

此外，「選擇超荷效應」也可能與其他的消費者認知偏誤產生交互作用，例如「現狀偏誤」（status quo bias）和「稟賦效應」（endowment effect）。「現狀偏誤」是指個人傾向於選擇現狀而不是冒險作出改變。當面臨眾多商品可供選擇時，消費者可能會因為「選擇超荷」而產生選擇困難症，因此更傾向於堅持他們原本熟悉的商品或品

牌，而不是試圖冒險選擇未曾嘗試過的替代品，也就是藉由品牌惰性（brand inertia）來迴避新商品的眾多選項。廠商可以透過產品創新來激勵消費者嘗試特定的新產品或服務，並減少可供選擇的商品種類，以消除或降低消費者的現狀偏誤。同時，廠商可採取限時優惠或免費試用的作法，以降低消費者所感受到的選擇風險，進而勇於嘗試選擇不同的新商品或新品牌。

同樣地，「稟賦效應」會導致個人高估自己已經擁有的物品，再加上面對大量替代品時所形成的「選擇超荷」壓力，這些都會影響消費者拒絕接受新商品或新品牌，再加上「稟賦效應」的催化，讓消費者認為他們當前使用的商品或品牌，會比其他替代品更令人心安和更有價值，即使客觀上情況並非如此。廠商可以採取的具體作法，便是透過強調其產品或服務的獨特賣點（unique selling proposition, USP）來克服「稟賦效應」，使本身的商品或品牌在競爭中脫穎而出。關鍵點在於廠商若能提供明確的價值主張，並展示該商品如何滿足消費者的特定需求，將有助於消費者降低「選擇超荷」的困擾，進而作出有利於

該品牌的購買決策。

　　「選擇超荷」也與消費者滿意度和購買後評價具有相關性。當消費者面臨眾多選擇並最終作出選擇時，如果後來發現其他可能更理想的選擇，他們可能會感到後悔。為了減少消費者的決策後悔，廠商可以專注於提供卓越的客戶體驗和售後服務。確保消費者能夠獲得資源和協助來發揮商品的最大效益，有助於提高消費者滿意度與減少購後後悔的可能性。

　　此外，廠商可以利用「選擇超荷效應」來設計顧客忠誠度計劃和客戶保留策略。透過簡化選擇並向忠實客戶提供獨家優惠或專屬的獎勵措施，廠商可以創造出消費者的品牌承諾（brand commitment），並培養出長期的品牌忠誠度。

　　在線上零售的背景下，「選擇超荷效應」的影響尤其明顯。電子商務平台通常提供具有眾多選項的廣泛產品清單，此舉無異催化了消費者「選擇超荷效應」的產生，讓

消費者更躊躇不前而難以作出選擇。廠商可以設計出使用者友善的條件過濾介面，幫助消費者更輕鬆地找到他們需要的商品。此外，透過即時聊天或聊天機器人提供客戶支援，也有助於消費者擺脫「選擇超荷效應」並輕鬆地作出決策，且創造出更加個人化的購物體驗。

不僅如此，消費者的「選擇超荷效應」也會受到廠商定價策略的影響。提供多種不同價位產品線或捆綁銷售的品牌，也可能會無形中讓消費者茫然不知所措，更加深了選擇困難症。舉例而言，隸屬全球第三大藥廠葛蘭素藥廠（Glaxo Smith Klien, GSK）旗下的舒酸定牙膏（Sensodyne），產品線依其功能可分為五種：

1. 專業抗敏護齦：亮白配方、一般、沁涼薄荷。

2. 速效修護：亮白配方、一般。

3. 長效抗敏：牙齦護理、清涼薄荷、多元護理、溫和高效淨白、深層潔淨。

4. 專業修復抗敏：一般、沁涼薄荷、亮白配方。

5. 強化琺瑯質：加倍沁涼、亮白配方、學齡兒童專用配方。

細數舒酸定牙膏的五大功能產品線，共涵蓋十餘種商品種類，除了學齡兒童專用配方之外，恐怕會對於廠商分別賦予清楚的品牌定位造成挑戰，消費者在選購抗敏牙膏之際，勢必會陷入天人交戰，因為太多的商品選擇會激發消費者的「選擇超荷效應」，而不知如何選擇。

選擇超荷效應實例

再看一個例子，我許久之前有一位在職 EMBA 碩士班的學生在台北市的安和路開設一家西式餐廳，有一次上完課後他向我求救：

「老師，可不可以麻煩幫我分析一下為何我的餐廳生意不好？我餐廳的裝潢、食材、口感、地點，甚至服務品質，來用餐過的客人均表示不錯，且價位也屬合理。但生

意始終無法進一步地開展，始終維持在不上不下的階段，雖然沒有虧錢，可是似乎也沒賺到錢。可否以消費心理學的角度幫我分析一下？」

　　我對餐廳的經營管理並不擅長，因此請他把餐廳的菜單拿給我看一下。當我看到菜單之後，我發現了其中可能的眉角所在：

　　「你餐廳的消費形式有點類似王品集團的西堤，在你的菜單中，每位消費者必須從開胃菜、沙拉、麵包、主食，湯品，以及飯後甜點當中各選一種當作自己的專屬套餐。此種立意雖然很好，也就是每個人都可以擁有為自己量身打造的套餐。但你有沒有發現有哪些問題嗎？」

　　「我的飲料、前菜、沙拉、主食和飯後甜點，都有很多不同的選項可以讓顧客作選擇，應該沒有問題才對啊！」他回答我。

　　「沒錯！你的問題就是出在這些地方！」

「你自己看一下，你的飲料、前菜、沙拉、主食和飯後甜點，都各有將近 10 種選項可供選擇。乍看之下似乎很好，對嗎？」我露出微笑。

「是啊，讓顧客有更多選擇不是更好嗎？而且我為了要讓顧客有更多的選擇彈性，我廚房的食材備料還必須更加多元，這些對我而言都是成本哩！」他說。

「因為你餐廳的地點是在商業辦公區，如果我沒猜錯的話，你的顧客大多是屬於商業客戶居多吧？也就是通常不會是顧客一個人來用餐。」我問。

「對啊！」他回答。

「既然是商業客戶而且不是單獨前來用餐，那麼他們的重點可能就未必是餐點是否具有極高的多樣性，社交應酬順便用餐才是他們的目的。你看一下你的飲料、前菜、沙拉、主食和飯後甜點，每一種都有將近 10 種選項。換句話說，他們只是要和商業客戶談生意，聚餐並非主要目

的，但是卻要從這 50 種選項中選出 5 種自己中意的菜色或甜點。在並非以用餐為主的情境下，要他們作出此種選擇，似乎遠遠超過了一個人的認知負荷能力與意願！」我告訴他。

「有道理唷！」他似乎若有所悟。

「很多人以為，我給他人的選擇越多，對方應該越會越高興，但事實上並非如此。太多選項可供選擇，只會造成他們在認知負荷上造成困擾，也就是心理學上所謂的認知超荷（cognitive overload）。」我補充說明。

後來他的菜單菜色經過簡化調整，減少了飲料、前菜、沙拉、主食和飯後甜點可供選擇的數量，果然生意大有起色。

從以上的商業實例可以看出，廠商以為提供產品多樣性會讓消費者有更多選擇的機會，殊不知只會給消費者帶來認知負荷，反而製造了選擇障礙。為了因應此一挑戰，

廠商可以簡化其產品線內容，並清楚地傳達每種商品之間
的功能性差異，以便於消費者不費吹灰之力便能作出購買
決策。

「選擇超荷效應」並非一種非黑即白的現象，該效應
的強弱可能會因消費者的個人喜好和所處的消費情境而
異。雖然有些消費者可能喜歡有眾多選擇的備選方案，但
另一些消費者可能會覺得眾多選擇讓人感到眼花撩亂和無
所適從。廠商不妨透過副品牌來提供定位不同的產品線系
列，以滿足不同目標群體的需求，如此應可有效地降低讓
消費者感到困擾的「選擇超荷效應」。

基本心法

廠商以為提供產品多樣性會讓消費者有更多選擇的機會，殊不知只會給消費者帶來認知負荷，反而製造了選擇障礙。消費者在面臨眾多選擇時，應該先捫心自問自己真正需要的商品是什麼，勿被眾多商品不同的特性牽著鼻子走，如此方能避免「選擇超荷效應」的干擾。

Chapter
04

損失厭惡效應
(Loss Aversion Effect)
——失大於得

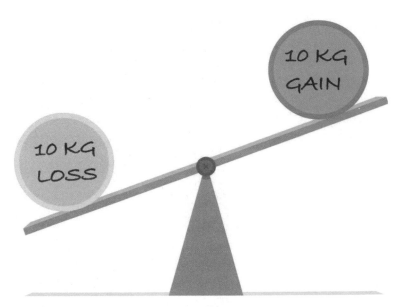

（圖片來源：作者自行修改自 https://www.freepik.com/free-vector/balance-infographics-flat-design_9878483.htm#query=Seesaw&position=1&from_view=search&track=sph）（freepik 免費授權使用）

「損失厭惡」（loss aversion）是指對於同等價值的物品而言，消費者害怕「失去」的程度會比「獲得」更為強烈。企業可以利用這一概念，將促銷和折扣定位為「省錢」，而不是「花錢」，以迎合消費者避免損失的心態。

損失厭惡效應的定義與例子

「損失厭惡效應」是一種基本的認知偏誤，它描述了個人如何傾向於更重視避免「損失」（loss）而不是獲得等價的「收益」（gain）。它是一個深深植根於行為經濟學的概念，對消費者決策、購買行為和整體價值認知具有重大影響。「損失厭惡」基本上是植基於「展望理論」（prospect theory）——是由美國心理學家丹尼爾・卡尼曼（Daniel Kahneman）和艾默士・特沃斯基（Amos Tversky）於1970年代所提出的心理模型。根據「展望理論」，人們的選擇是由相對於「參考點」（通常是現狀或當前狀態）的得失來決定的。

「損失厭惡效應」認為，人們對「失去」的痛苦比「獲得」的快樂更強烈，導致他們在決策中採取規避風險的方

法。從消費心理的層面來看，「損失厭惡效應」對消費者
如何評估和對各種選擇、產品和促銷優惠是否作出正面的
回應具有深遠的影響。一言以蔽之，消費者在作出購買、
投資和其他經濟活動決策時，消費者往往更重視潛在損失
而不是潛在收益。

　　讓我們來看一個例子：

　　想像一下，你已投資 1,000 元購買一支表現良好的
股票。幾個月後，該股票的股價已上漲到 1,500 元。然
而，因突發性的利空消息影響，市場轉而低迷，股價跌
至 1,250 元。儘管你仍然從初始投資中獲得了 250 元的利
潤，但你依舊會感到損失，並且可能會因為擔心進一步損
失而想要出售股票。此一決定是因為消費者受到「損失厭
惡效應」與參考點的影響，也就是對失去 250 元收益（把
最高股價 1,500 元當作參考點，貶值到目前的 1,250 元）
的失落感或厭惡，可能會比獲得 250 元收益（把初始投資
的 1,000 元當作參考點，升值到目前的 1,250 元）的愉悅
感更為強烈。

　　除了投資等商業行為之外，在日常生活中也會有「損失厭惡效應」的情況發生，也就是等價的「損失」會比「獲得」的衝擊性更強烈。試想一下：

　　你遺失 1,000 元與撿到 1,000 元，哪一種情境帶給你的心理影響更大？也就是撿到 1,000 元的高興程度與遺失 1,000 元的傷心程度相較，兩者均取絕對值，無論正向（高興）與負向情緒（傷心），你是否會感覺到遺失 1,000 元的傷心「程度」比撿到 1,000 元的高興「程度」更大？

　　如果把遺失和撿到的金額提高到 10,000 元，你是否會感到兩者的衝擊程度差距更大？

　　再看另一個例子：廠商也常利用「損失厭惡效應」來吸引消費者上鉤。想像一個你打算購買智慧型手機的場景。現在你在兩家手機店看中同一款手機：第一家店的價格為原價 33,000 元，今天特價 29,700 元，也就是打九折；另一家店的價格便是 29,700 元，沒有任何折扣。儘管兩種情況消費者所付出的最終價格相同，但許多人往往

更傾向於向第一家店購買。因為他們認為與第二家店相比，第一家店提供的折扣對於消費者而言是一種收益，若放棄此一折扣便形成一種收益面的損失，即使消費者最終支付的價格並無不同。

　　當消費者考慮購買產品時，他們可能會更加關注在如果產品達不到他們的期望，或產品利益無法兌現時所造成的損失。此種對損失的關注，可能會導致消費者在購買時更加謹慎和猶豫，尤其是對於高價或高涉入（high involvement）的產品。廠商不妨透過強調消費者如果不選擇其產品可能遭受的潛在損失作為訴求，以強化「損失厭惡效應」來達到行銷效果。也就是以「負面框架」（negative framing）的陳述方式來強調不擁有該產品的負面後果，以創造出消費者害怕失去利益的恐慌感，並激勵消費者採取購買行動。例如，強調限時優惠或獨家優惠的行銷活動，可以引起消費者對錯過折扣機會的恐慌，並營造出一種在失去優惠機會之前趕快進行購買的心理急迫感。

損失厭惡效應的應用及對消費者的影響

此外,「損失厭惡效應」也會影響消費者對定價的評價和價值認知。在考慮商品的價格時,消費者可能更關注在現在購買可以少花多少錢,因為多花錢對於消費者而言便是一種潛在損失。廠商可以透過「保證全年最低價」與「買貴退價差」等價格保證,以減輕「損失厭惡效應」。

「損失厭惡效應」還會影響消費者對價格變化和促銷的反應。例如,消費者可能會抵制他們經常購買的產品的價格持續上漲,因為他們認為與以前購買的價格相比,現在必須付出更高的價格方能購得,這對於消費者而言無異是一種損失。舉例而言,台南某一知名鹹粥店因聲稱成本上漲之故,近年來多次將招牌料理的價格連續調漲,造成許多網友反彈,甚至憤而到 Google 評論狂刷一星負評。雖然價格的制定取決於自由市場的機制,廠商本來就有作主的權利,顧客若認為價格不合理,大不了不要上門光顧即可。但若從經營的角度來看,一個有歷史傳承的業者,若不思建立自己的品牌文化與特色,每次均以食材成本上漲為藉口而進行漲價之舉,也難怪消費者的「損失厭惡效

應」會發酵，而採取群起抵制的行為。

　　另一方面，消費者可能容易受到價格折扣和促銷的引誘而上門消費，因為他們察覺到省錢和避免錯過好康的機會。廠商不妨利用「損失厭惡效應」帶給消費者的心理效應來設計有效的促銷策略，例如提供限時折扣，或捆綁產品以創造高附加價值的感覺。

　　例如，百貨業的年中慶與雙十一檔期，向來是業者的兵家必爭之地，無論是實體或是電商業者，無不摩拳擦掌地想要在此一檔期創造出高業績，於是各種形形色色的促銷訊息接踵而至，常常讓消費者眼花撩亂，最常見的手法便是「滿千送百」與「對折出售」。然而，以消費者「損失厭惡效應」的觀點來看，廠商如何設計出能讓消費者感受到「此時不買，遺憾終生」的損失厭惡感，恐怕還有很長的一段路要走。

　　「損失厭惡效應」在消費者對廠商所推出的忠誠度計劃和獎勵計劃的反應中也很明顯。廠商可以透過推出顧客

忠誠度獎勵計劃來善加利用消費者的「損失厭惡效應」，
該計劃通常會強調客戶如果未經常性購買達到兌換獎品的
累積點數，就會失去消費者渴望的獎品或專屬權益。例
如，各大航空公司均有推出「飛行常客計劃」，透過長期
購買該航空公司的機票並累積飛行里程，在達到某一標準
之後可以兌換免費機票或艙等升級。

　　近年來累積點數兌換最成功的案例，恐怕非全聯
2016 年所推出的集印花換購 WMF 鍋具的活動了。該活
動所換購的 WMF 商品包括經典餐具組、迪士尼兒童餐具
組、多用途煎鍋火鍋、快易鍋等七款鍋具餐具。結果在為
期四個月的集點換購活動中，全聯原本預估消費者將會兌
換 2 萬個鍋具組，但是最後檔期結束後，統計換購的數量
竟然高達 22 萬個，幾乎相當於 WMF 一年的全球銷售數
字！為何這次的集點換購如此成功？主要歸功於 WMF 是
國人心目中永遠的 No.1 鍋具品牌，此項商品對於全聯的
主要客群婆婆媽媽們有致命的吸引力，在活動推出之後立
即便造成集點換購熱潮。有鑒於此，全聯在 2021 年 2 月
再度找上 WMF 合作，推出超高檔的 WMF 廚房小家電，

以最低大約市價 1.5 折的價錢便可換購一系列的 WMF 九種廚房小家電，包括烤麵包機、電動煮蛋器、舒肥慢燉鍋 Pro、不鏽鋼不沾平底鍋、快力鍋等。

　　集點換購活動並不是新的行銷招數，全聯這兩次的集點換購活動之所以能夠造成熱潮，最重要的原因就是換購的商品對於目標客群具有極高的吸引力，因此讓消費者對全聯產生極高的「顧客黏著度」（customer stickiness）。許多其他廠商所推出的換購活動，標的物本身缺乏強烈的吸引力，自然無法引起集點換購熱潮。因此廠商選擇集點換購標的物的時候，首要考量的便應是該兌換品是否對於目標客群具有高度的吸引力？唯有對於目標客層具有強烈的吸引力，才會造成消費者的「損失厭惡效應」，有助於進一步強化廠商的業績。

　　消費者的「稟賦效應」與「現狀偏誤」也可能與「損失厭惡效應」掛勾，因為消費者可能由於認為換購或升級商品會造成潛在的損失，因而不願意放棄他們目前所使用的商品。廠商可以透過陳述新商品所具有的產品利益（例

如提供更加優異的功能、節省成本或增強便利性），並且
不會造成消費者過多的損失，以激勵消費者進行以舊換新
或升級現有商品，以解決「稟賦效應」與「現狀偏誤」的
干擾作用。

損失厭惡效應對各種層面的影響

　　「損失厭惡效應」不僅會發生在個人消費決策上，組
織決策也可常見到「損失厭惡效應」的身影。在「企業對
企業」（B2B）的商業環境中，決策者在評估潛在供應商
或是否要更換合作夥伴時，也可能會表現出損失厭惡的傾
向。B2B 買家在作出購買決定時可能會更加謹慎和規避風
險，權衡本身的財務投資、機會成本，以及對其業務的潛
在負面影響方面的潛在損失。B2B 的賣家可以透過簡單
扼要地提供有關其產品或服務的優勢，以及潛在投資回報
的明確性資訊，以消弭 B2B 環境中的「損失厭惡效應」。

　　損失厭惡的影響也可能與消費者當地的文化和社會因
素有關。在某些文化中，可能存在更強烈的規範或禁忌，
反對冒險或面臨潛在的損失，從而導致對損失厭惡的程度

更加明顯。進軍不同文化市場的廠商必須對這些差異保持
敏感，了解當地文化規範和價值觀，有助於廠商調整其資
訊呈現的方式，以與當地消費者產生情感共鳴，並克服潛
在的損失厭惡情緒。

「損失厭惡效應」不僅影響個人決策，而且對整個經
濟和社會可能也具有更廣泛的影響。此種認知偏誤影響的
範圍，不僅限於消費者購買商品和服務的行為，還可能包
含財務決策、投資選擇，甚至公共政策。例如，在財務決
策中，「損失厭惡效應」可能導致消費者作出次優選擇，
特別是在管理投資和儲蓄方面；舉例而言，消費者可能會
猶豫是否出售目前處於虧損狀態下的投資，但又因為會擔
心出售後市場行情反彈回升，造成無謂的損失，因而遲遲
不敢作出決定。金融服務行業的業者可以透過提供投資組
合多元化、風險管理等服務，以幫助消費者克服對潛在損
失的厭惡，並作出更明智的決策。

在儲蓄行為的背景下，「損失厭惡效應」也會影響消
費者對不同儲蓄選項的選擇。例如，消費者可能更偏愛低

風險、低回報率的投資選項，以避免潛在的高風險造成損失，雖然投資報酬率較高的投資標的物可能更適合他們的長期財務目標。金融理財行業的業者可以透過提供消費者了解風險和回報之間權衡的分析，從而降低消費者的「損失厭惡效應」。

「損失厭惡效應」也會對公共政策和政府決策產生影響。政策制定者在設計與稅收、社會福利和公共支出相關的政策時，可不能忽略消費者對潛在損失的厭惡。例如，前段日子振興券的話題吵得如火如荼，原本依據行政院的規劃是每個人繳交 1,000 元現金可以獲得價值 5,000 元的振興券，最後行政院拍板定案，不必繳交 1,000 元每人即可獲得 5,000 元的振興券。我們便以此一話題來探討一下「損失厭惡效應」。

假使行政院關於發放振興券的方案有兩種：一種是繳交 1,000 元現金可獲得價值 5,000 元的振興券；第二種是不必繳交現金直接給予每位民眾 4,000 元的振興券。換句話說，這兩種方案每位民眾在扣除成本之後都可以獲得價

值 4,000 元的振興券（在第一種方案下，每位民眾的實際
收入是 5,000－1,000=4,000，而在第二種方案下，每位民
眾可獲得的收入是 4,000－0=4,000 元）。乍看之下，這兩
種方案的實際獲利都是 4,000 元，但是民眾心裡的感受恐
怕有非常大的出入。我們便以「損失厭惡效應」的觀念來
分析如下：

　　在第一種方案下，每位民眾所付出的 1,000 元代
表了損失，雖然這 1,000 元可換回價值 5,000 元的振興
券。但根據心理學中「負面偏誤理論」（negativity bias
theory）的說法，帳面上等價的負面事物的權重永遠高於
正面事物。也就是說，雖然每人多了一筆天外飛來的財
富 5,000 元，但是付出的 1,000 元會被視為是一筆損失；
而這 1,000 元心理價值的損失，背後所代表的意義遠超過
1,000 元的貨幣價值。簡而言之，民眾會主觀地產生一種
心理錯覺：在此方案下，他的實際收入小於 4,000 元，以
數學式加以表示便是：-1,000 + 5,000 < 4,000。但在第二
種方案下，由於不必付出任何成本，不會造成任何損失，
民眾所感覺到的實際收益也就等於 4000 元（-0 + 4,000 =

4,000）。因此，一般大眾當然比較青睞第二種方案。

　　從以上的各種應用場景可知，「損失厭惡效應」是一種無所不在且影響深遠的心理認知偏誤。身為現代的消費者，不可不重視此一現象，以便在日常生活決策中能作出明智的抉擇。

基本心法 ─────────────────

為了減輕「損失厭惡效應」的影響，個人不妨透過突出潛在收益而不是損失的方式來面對現有的選項，以便轉移「損失厭惡」的焦點。鼓勵理性分析（例如成本效益分析）的決策框架，可以幫助個人客觀地作出評估，也就是依據決策的實際優點和缺點客觀地評估決策，有助於作出更加平衡和理性的選擇。

心理帳戶效應

(Effect of Mental Accounting)

──偏心心態？

EFFECT OF MENTAL ACCOUNTING

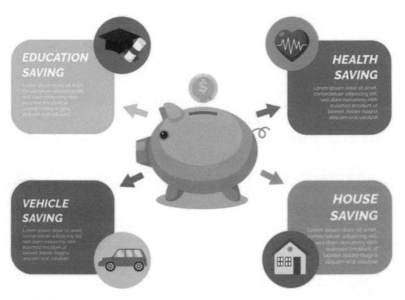

（圖片來源：https://www.freepik.com/free-vector/how-save-money-infographic_1049061.htm）
（freepik 免費授權使用）

　　人類的心靈是一個迷宮般的領域，錯綜複雜且具有多面性，人類的思想、情感和行為在此相互交織，引導後續的行動。在這幅錯綜複雜的情境中存在著「心理帳戶」（mental accounting）現象，它是一種具有偏差性的心理認知機制，對消費者如何認知、分類和最終作出決策具有深遠的影響。

心理帳戶效應的定義及研究

　　古典經濟學的論點指出，人類所有的行為決策，其出發點都是為了在有限資源的情況下盡力獲取最大的利益；並且，古典經濟學主張，貨幣本身是具有流動性的，在無外力干擾的前提下，貨幣在不同帳戶之間可以互相流通，價值或購買力也不會因此改變。

　　古典經濟學之父亞當・史密斯（Adam Smith）曾在《國富論》（*The Wealth of Nations*）一書當中提及所謂的「一隻看不見的手」（an invisible hand），此一說法被後世視為是古典經濟學核心思維之所在。「一隻看不見的手」意指在假設無外力干擾的前提之下，自由市場內的供

給和需求會自然而然地達到均衡狀態（equilibrium），價格與數量都會達到最適水準（optimum level），彷彿市場運作背後受到一股無形力量的牽引，因此被稱為「一隻看不見的手」。

就像是古典經濟學上所謂的「一隻看不見的手」一樣，「心理帳戶」也是以無形的方式存在於許多人的心中，並且是以不著痕跡的方式運作，使人們不自覺地作出非理性的行為。

然而，行為經濟學家對古典經濟學的觀點提出了異於傳統的看法，他們認為「完全理性」（perfect rationality）事實上並不存在，人們頂多擁有的是「有限理性」（bounded rationality），「心理帳戶」便是最有力的證明。「心理帳戶」現象是由著名行為經濟學家理查・塞勒（Richard Thaler）所提出的，它揭示了個人賦予金錢價值以及如何劃分財務資源的複雜方式，此一方式跳脫了傳統經濟學理論假設「人類行為是基於理性出發」的觀點。理查・塞勒於 1999 年發表在《行為決策期刊》（*Journal of Behavioral*

Decision Making）中一篇名為〈心理帳戶舉足輕重〉
（Mental Accounting Matters）的文章中，曾作了一項實
驗，此實驗的目的在於研究個人如何根據「心理帳戶」對
不同的資金來源進行分類和差別對待。根據塞勒教授的觀
點，「心理帳戶」是指個人傾向於根據資金來源或其用途
等因素，將其財務資源分類到不同的心理帳戶中，而不是
將所有資金視為一筆完整的資金且可以互相替代的。

在該實驗中，受試者被給予不同的場景，他們從不同
的來源獲得不同數量的資金。例如，他們可能收到的金錢
是禮物、獎金或工資。研究結果發現，即使資金相同，受
試者通常也會以不同的方式對待這些來源。也就是說，受
試者更有可能隨性地從某些特定的心理帳戶中消費於某些
用途。例如，從意外之財（像是禮物）所獲得的錢，通常
用於購買可自由支配的物品；而來自固定收入的錢，則更
有可能被用於儲蓄或低風險的投資。

不僅如此，研究結果還發現，與工資收入相比，受試
者更有可能把來自於獎金的金錢隨興花掉，即使金額相

同。另外有趣的是，受試者更傾向於用意外之財帳戶中的資金，而非主要收入來源的資金，用於投資高風險的財務方案。

「心理帳戶」的核心觀點是指個人將其財務資源劃分為不同心理類別（或者說是「帳戶」）的過程，每個類別都有自己的一套規則、偏好和情感。在「心理帳戶」的制約下，每個人對於各種金錢的來源和用途會予以分門別類，並且不允許互相流用。當某一帳戶內的金額用罄，基本上不會以總金額的概念，從別的帳戶省下來的錢流用到餘額不足的帳戶，因為此舉會破壞了各心理帳戶之間的排他性（exclusiveness）。

想像一下，假設你收到了一筆 10,000 元的退稅，如果依照古典經濟學的理論來看，你應該將這筆意外之財視為你整體財富的增加，無論其來源出自何處。然而，在「心理帳戶」的催化下，你可能會採取不同的財富分配作法。例如分配 4,000 元來買個心儀已久的按摩坐墊，3,000 元作為娛樂基金，剩餘的 3,000 元存入儲蓄帳戶。每一項分配都

是基於個人的財務資源所隱含的心理分配過程，而此種分
配過程通常取決於消費者對各種收入或支出來源附加的一
組心理標籤。這些標籤可能會受到金錢的來源（例如，薪
水、獎金、樂透）、花費的時間範圍（例如，眼前的開支、
長期目標）或所附加的情感意義的影響。這些標籤雖然是
無形的，但卻在塑造消費心理與後續行為方面發揮了巨大
的力量。簡而言之，「心理帳戶」影響個人如何看待金錢
的價值與規劃支出的優先順序，並有助於形成財務習慣。

　　行為經濟學與古典經濟學在貨幣觀點上最大的歧異，
在於「心理帳戶」帳戶中的金錢是不具彼此替代性的
（irreplaceability）——亦即帳戶內的金錢是不可互相流
用的，並且具有效用（utility）上的差異性。儘管從本質
上來看，金錢具有可互換的性質，但「心理帳戶」中的金
錢會根據消費者主觀所劃分的心理標籤，而被賦予其不同
的屬性，而不同屬性的金錢背後的性質與效用是不一致
的，因此無法互相流用。例如，捐獻給慈善團體的 1,000
元可能會被認為與娛樂預算中的 1,000 元具有不同的價值
與效用。也就是說，等價的金錢在不同用途上會被視為具

有不同程度的效益。在消費的情境下，此種現象可能會導致非理性行為的發生。

心理帳戶效應之案例

讓我們來看一個例子：假使你今天去美國著名的賭城拉斯維加斯出差，朋友邀請你一起去當地著名的賭場玩一玩，試一下手氣，結果你幸運地贏了 3 萬元，相當於你一個月的加班費。另外一個情境是，你婉拒了和朋友去賭場試一下手氣的邀約，回到台灣之後努力工作加班，因而獲得了加班費 3 萬元。請問你在哪種情況之下會比較願意將這 3 萬元隨興花掉作為犒賞自己的獎勵？

我猜測大部分的人都會比較願意把賭場賺到的 3 萬元拿去消費，自己辛苦工作所獲得的加班費 3 萬元卻比較不捨得隨便花掉。從古典經濟學的觀點來看，不論是賭場意外之財的 3 萬元或是辛苦工作所獲得的 3 萬元加班費，其背後的貨幣價值並無不同，具有相同的購買力，那為何這兩種情境卻會有截然不同的花費意願呢？

從理性觀點來看，如果把去賭場所獲得的 3 萬元意外之財省下來，也許下個月就不用這麼辛苦地工作去賺取這 3 萬元的加班費，不是嗎？但是從行為經濟學的「心理帳戶」觀點來看，賭場所獲得的意外之財 3 萬元是被劃分到「天外飛來一筆」的心理帳戶，但是辛苦工作所獲得的 3 萬元加班費卻是被劃分到「辛苦工作所得」的心理帳戶，兩筆資金的貨幣價值與購買力雖然相同，但是由於來源性質不一樣，所以人們對於這兩筆資金所賦予的權重並不相同，也因此會產生不同的價值感。也就是說，「辛苦加班所得」的 3 萬元之心理貨幣價值，遠大於賭場獎金的 3 萬元，「Easy money, easy go!」正是「心理帳戶」最佳的寫照。

與「稟賦效應」、「損失厭惡效應」和「展望理論」等概念一樣，「心理帳戶」也隸屬於行為經濟學中一個重要的觀念，而且可能與上述這些效應互相呼應。例如，「稟賦效應」解釋了為什麼個人會僅僅因為擁有某些物品之後而賦予它們更高的價值；「心理帳戶」透過增強對分配給特定類別資金的擁有感，而放大了「稟賦效應」的效果，這可能會導致決策不理想。例如你每個月習慣將收入

的一部分放在定存，另外一部分放在基金投資，今天你的
銀行理財專員慫恿你將定存解約，將定存金額改為全數投
入於基金投資之上，此刻你除了可能會擔心基金投資的風
險之外，也會因「稟賦效應」所造成對定存的擁有感，而
不敢貿然採取行動。

　　如前所述，「損失厭惡」（loss aversion）可說是「展
望理論」（prospect theory）的中心思想，它認為個人對損
失的痛苦比同等程度的快樂更為強烈；「心理帳戶效應」
會導致消費者將某一特定心理帳戶中的損失與另一不同心
理帳戶中的損失相較，以作出何種損失更加令人不悅的認
知。例如，你因不小心遺失皮夾內的 3,000 元，會比你買
貴商品多花 3,000 元更加痛苦，儘管損失的數字在客觀上
並無不同。

　　再看一個例子，今天是連續假期的放假日，你打算出
門去欣賞翹首盼望已久的蔡依林在台北小巨蛋的演唱會，
但出門之際你才發現你原本購買的價值 5,000 元的演唱會
門票遺失了。此時你可以選擇仍然前往小巨蛋，到達現

場之後再購票（假設在仍買得到票，且價格一樣的前提
下），只是必須再多花 5,000 元的門票入場費用。第二種
情境是：你已經出門在去欣賞蔡依林演唱會的路上，並打
算現場購買一張 5,000 元的演唱會門票，但當你正準備進
入捷運站時，你突然發現你的悠遊卡不見了，裡面有你昨
天才儲值價值 5,000 元的金額，此時，你會繼續前往參加
蔡依林的演唱會嗎？

　　在第一種情境之下，應該很多人便會放棄再去購買一
張 5,000 元的蔡依林演唱會門票，因為對於你而言，為了
要參加蔡依林的演唱會，門票的成本變成 10,000 元，這
可能超過你每個月預計的娛樂預算。但是在第二種情境之
下，相信許多人還是會選擇前往欣賞蔡依林的演唱會，因
為遺失價值 5,000 元悠遊卡，對於你而言只是交通費帳戶
內的損失，與你的娛樂帳戶並無直接相關性。

　　同樣的問題又產生了，你遺失的無論是蔡依林演唱
會的門票或是悠遊卡，所損失的貨幣價值都是 5,000 元，
為何你看待這同等價值的 5,000 元卻截然不同？這無非是

「心理帳戶效應」在引導你作出錯誤而不理性的決策。

　　再者，即使是在同一科目的「心理帳戶」之下，人們對於「子帳戶」下的重視程度也會有所不同。就以送禮行為來看，同樣隸屬於「送禮開支」帳戶下，但送禮對象的子帳戶不同，人們關注重視的程度也可能有所不同：通常送禮給別人會比買禮物送給自己更加謹慎，特別是在該禮品具有較高不確定性之時，例如剛上市不久的新產品。此種心態可解讀為送禮給別人之時，萬一產品有瑕疵的話，恐怕會失禮，而且對別人感到不好意思；但如果是買禮物送給自己，則頂多是摸摸鼻子自認倒楣，不會有失禮的問題存在。因此，即使是同一「送禮開支」帳戶內的 3,000元開支，也會因為「送給他人」和「送給自己」的子帳戶不同，而受到不同程度的重視。類似的情況也可推論於「送給好朋友」和「送給一般朋友」的子帳戶內。

　　總之，「心理帳戶」是認知、情感和財務之間錯綜複雜關係交織的呈現。人類的思維在簡化複雜決策的內心驅動之下，產生了一個指導財務行為的心理分類系統，此系

統背後運作的邏輯通常超越了理性的經濟理論範疇。「心理帳戶」充分反映在個人儲蓄、消費、投資和應對金融波動的方式，透過了解「心理帳戶」的運作模式，廠商和消費者等都可以深入了解人類心理的內部運作機制，以使得決策更加明智。

基本心法

「心理帳户」是指個人傾向於根據資金來源或其用途等因素，將其財務資源分類到不同的心理帳户中，而不是將所有資金視為一筆完整的資金且可以互相替代的。要避免「心理帳户效應」的干擾，消費者仍應回歸古典經濟學中的「總效益」（total utility）觀點，也就是把所得與開支視為可互相流動與替代的資產，勿自行劃分至不同的「心理帳户」，如此方能作出理性的決策。

首因效應 vs. 近因效應

(Primacy Effect vs. Recency Effect)

──舊不如新或新不如舊？

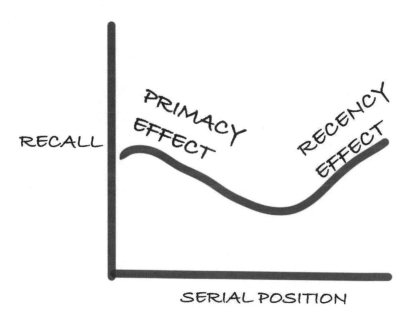

（圖片來源：作者自行繪製）

　　「首因效應」與「近因效應」又合稱為「序列位置效應」（serial position effect），此一效應主張，相較於出現在中間順序的資訊，消費者傾向更關注或記住最先出現的資訊（「首因效應」）或最後出現的資訊（「近因效應」）。在廣告實務中，廠商通常會爭取把廣告放在電視、廣播或網路直播節目中場廣告時間的開頭或結尾，以大幅度地提高消費者對廣告的記憶力。

首因效應和近因效應之定義與研究

　　「首因效應」和「近因效應」是影響消費者處理和記憶資訊方式的兩種認知偏誤。此種偏見對行銷、廣告和溝通策略具有重大影響，因為它們塑造了消費者主觀的看法和可能的不理性決策。「首因效應」又稱為「第一印象效果」（first impression effect），是指人們傾向於記住並更重視相關類別中第一個出現的資訊。當消費者遇到一系列物品或資訊時，第一個出現的事物或資訊往往會在他們的記憶中留下更強烈、更持久的印象，也會對後續的認知處理與行為意圖造成更大的影響。這是因為初始資訊容易被更加關注地處理，並且由於印象深刻，而不易被後續資訊

超越或覆蓋。即使後續的資訊十分突出，人們也會習慣性地把初始資訊當作參考點，以評估後續資訊的本質。即使前後資訊的本質或內容不一致。人們也比較傾向於相信初始資訊。

從心理學的觀點來看，「首因效應」中的初始資訊率先出現之時，容易在人類的腦中形成「基模」（schema），也就是當作先入為主思想的心理結構，當個人接觸到相關的新資訊時，會把新資訊與此基模中的初始資訊作快速的對比，以決定是否接受新資訊。但比較常見的情況是，人們傾向於注意到符合現有基模的新資訊，也就是「選擇性注意」（selective attention）；對於與基模中初始資訊有矛盾的新資訊，通常會被詮釋為例外，或是蓄意加以扭曲其涵義。也就是說，除了在少數的情況下，基模通常是處於不動如山的狀態。

美國社會心理學家索羅門・阿希（Solomon Asch）曾作過一個有關於「首因效應」的實驗，他將受試者分為兩群，實驗過程中他用六個形容詞來描繪某一個人的性格，

第一群人所看到的形容詞依序是：聰明、勤奮、衝動、愛批評、頑固、嫉妒；而第二群人所看到的形容詞之順序恰巧相反，依序是嫉妒、頑固、愛批評、衝動、勤奮、聰明。研究結果顯示，對於被描繪的人物，第一群人比第二群人抱持著更正面的看法，而第二群人比第一群人抱持著更負面的看法；也就是說，第一群人比較會受到正面形容詞排序在前的影響，而第二群人比較會受到負面形容詞排序在前的影響。

首因效應，先下手為強

現在請各位憑直覺回答下列三個問題：

1. 世界最高峰是哪一座山？

2. 第一個登陸月球的太空人是誰？

3. 哪一個品牌推出世界上的第一支智慧型手機？

如果你的答案分別是聖母峰（埃佛勒斯峰）、阿姆斯

壯、iPhone。恭喜你，只有第三題答錯！ 那再請問世界
第二和第三高峰分別是哪座山？

我想很多人都答不出來吧？上述的問題只說明了一個
現象：人們通常只對於「第一」有興趣，而且印象最深
刻。「初戀永遠最美」這句話可說是「首因效應」最好的
寫照。

大多數的台灣本土廠商對於品牌行銷似乎都不太擅
長，特別是將「首因效應」應用在品牌定位上。用最口語
的方式來說，「首因效應」在品牌定位的操作上就是「先
喊先贏」與「先下手為強」。接著再請看下面的例子：

請問哪一個洗髮精品牌率先標榜具有去頭皮屑、止頭
皮癢的功能？

如果你的答案是寶僑家品（P＆G）代理的「海倫仙
度絲」（Head ＆ Shoulders），或是美國品牌「仁山利舒」
（Nizoral），那麼很可惜都不正確！

　　其實真正第一家標榜去頭皮屑與止頭皮癢的洗髮精，是台灣本土的某一洗髮精品牌。為何這麼說呢？「海倫仙度絲」於 1985 年才進入台灣市場，距今不到 40 年的時間，但是該本土洗髮精品牌卻已經標榜去頭皮屑、止頭皮癢的功能長達 50 年之久，而且目前在各大賣場通路仍然有販售。

　　但為何大多數人都以為「海倫仙度絲」才是第一個標榜去頭皮屑、止頭皮癢功能的洗髮精，並且對它的品牌定位留下了深刻的印象？答案便是「首因效應」。消費者會覺得第一個如此宣稱療效的品牌，必然是最好的商品，因此如果有頭皮屑的困擾，第一個想到的就是「海倫仙度絲」。本土廠商由於對品牌行銷所知有限或是不懂得如何善用行銷，常常空有優異的產品功能卻不知善加利用，因而錯失搶佔市場定位的先機，殊為可惜！要知道品牌定位法則有一項永恆不變的定律：「誰率先進入市場並不重要，關鍵在於誰率先進入消費者的腦海之中。」

　　在消費心理的背景下，「首因效應」對於品牌和行銷

人員在設計產品發布、廣告活動甚至零售店布局時具有極關鍵的地位。也就是說，在推出新產品或新品牌時，向消費者提供的初始資訊對於塑造他們的「基模」十分重要。一開始就讓消費者對產品進行正面的體驗和聯想，有助於讓消費者對整個品牌產生更有利的看法。

就產品包裝而言，消費者與貨架上的產品互動的最初幾秒鐘，可能便會對他們的主觀認知和購買意願產生深遠的影響。因此，廠商必須確保包裝設計的吸睛度，在商品包裝上有效地傳達產品的主要賣點，最好能一擊命中消費者的痛點，以利用「首因效應」讓消費者留下正面且深刻的第一印象。

此外，在廣告領域當中，通常消費者接觸廣告的前幾秒便已定下生死，因此廣告如何在一開始便能吸引消費者的注意力，並讓他們留下深刻的印象，便成為十分重要的課題。無論是電視或是網路廣告，廠商經常在廣告開頭使用令人難忘的歌曲、流行語或引人注目的視覺效果，以利用「首因效應」並創造出強大的品牌特色。

在電子商務網站等網路環境中，「首因效應」也在消費者的網頁瀏覽和決策過程中扮演了關鍵性的角色。電子商務業者必須技巧性地設計其產品頁面，確保將最關鍵和最有說服力的資訊放置在網頁頂部，以最大限度地提高「首因效應」對消費者的影響。

首因效應與近因效應

相對於「首因效應」，「近因效應」也是一種認知偏誤，當消費者遇到一系列資訊時，最後一個資訊由於不會被後續資訊所淹沒，因此往往更容易被記住，並且可能對他們的決策產生重大的影響。

涵蓋「首因效應」與「近因效應」的「序列位置效應」，可以用阿特金森・希夫林記憶模型（Atkinson Shiffrin memory model）來加以解釋。該模型說明記憶可分為三個階段：感官記憶（sensory memory）、短期記憶（short-term memory）和長期記憶（long-term memory）。當人們接觸到一系列資訊時，第一個出現的資訊較有可能從感官記憶轉移到短期記憶，並受到更多的關注和處理。這些資訊有可能被進

一步地儲存在長期記憶中，因此獲得更好的記憶度和保留，也就是「首因效應」。同樣地，當一系列資訊結束之前，此系列資訊中的最後一個資訊在短期記憶中仍然處於記憶猶新的狀態，因而更容易回憶（recall），也就是「近因效應」。至於一系列資訊中的中間資訊，則有可能受到其他眾多資訊的干擾，因此可能無法受到太多的關注，也較不易被編碼到長期記憶中。

在消費者連續接觸一系列資訊的情況下，「近因效應」尤其重要。例如，在網路購物的情況下，由於消費者可能會接觸到具有相似功能和價格的多種商品，容易產生資訊疲勞或麻痺的現象，之前所接觸到的商品資訊，很容易因消費者的認知資源不足而造成遺忘或忽略；「近因效應」會讓最後瀏覽到的產品，對消費者的最終決策產生更重大的影響。

在電視、廣播或網路廣告中，廠商常常運用所謂的「三明治式廣告」來強化廣告效果。「三明治式廣告」是指當廣告進檔之後，第一個 A 廣告播完之後，後面常常

會接著 B 廣告,但 A 廣告的廣告主會擔心原本的「首因效應」被稀釋,因而刻意在 B 廣告播完之後再重複播出一次 A 廣告,試圖運用「近因效應」來強化「首因效應」的廣告記憶度。此種「A-B-A」的廣告模式,被稱作「三明治式廣告」。

總結來看,「首因效應」和「近因效應」在記憶和認知心理學領域都得到了廣泛的研究。這兩種效應都是「序列位置效應」的一部分,它指的是一系列資訊中各資訊呈現的序列位置(serial position),如何影響消費者的認知和記憶強度。

了解「首因效應」和「近因效應」可以幫助品牌和行銷人員設計出更有效的廣告策略,以強化消費者的認知與記憶。透過策略性地將關鍵資訊和最具說服力的資訊放置在一系列資訊的開頭和結尾,有助於大幅度地提高消費者記憶和正面決策的機率。「首因效應」和「近因效應」應用的層面十分廣泛,例如在公開演講中,若能透過引人入勝的開場白開始(首因效應),並以強烈或令人難忘的

結束語作為結束（近因效應），不但可以吸引聽眾的注意力，而且可讓聽眾並留下深刻的印象。

首因效應與近因效應的商業運用

　　讓我們來看一個例子：想必大家都有參加旅行團的經驗吧？除非是高價的旅行團，不然一般中低價位的旅行團不太可能全程住五星級的飯店，一天三餐也不太可能均是在高級餐廳內享用山珍海味，這不外乎是由於旅行社成本的考量。但是不知道大家有沒有發現一點，那就是在整個旅遊行程當中，最前面的一兩天和最後面的一兩天通常住宿飯店的等級比較高，而且飲食也比較精美或是餐廳比較高級？這是由於旅行社想要在旅程的前一兩天留給參團的消費者比較正面的印象（也就是創造出「首因效應」），以便日後吸引消費者能再參加該旅行社的國內外旅遊行程；在最後一天旅遊行程結束之際，通常出團的領隊或導遊，會發給大家一張有關於此次旅遊的意見回饋表。最後一兩天的較高檔住宿和精美飲食，有助於讓參團者在意見回饋表上作出比較正面的回應（也就是創造出「近因效應」）。透過「首因效應」和「近因效應」的交叉運用，

消費者極易留下良好的第一印象，並留下旅程結束前美好的記憶，消費者對該旅行社的忠誠度於焉形成。

此外，在零售場景中，商家可利用「首因效應」和「近因效應」來設計商店陳設和產品擺放。由於「首因效應」之故，商家如果將受歡迎或高利潤的商品放置在商店入口處，可以增加商品被購買的機率。同時，在貨架走道盡頭或鄰近結帳櫃檯出口陳列打折產品，可以因「近因效應」而鼓勵消費者在離開商店之前進行衝動性購買。

「首因效應」和「近因效應」也會影響消費者如何處理價格資訊。在比較產品或作出購買決定時，消費者很容易會受到他們遇到的初始價格和最終價格的影響。例如，如果消費者首先看到高價商品（首因效應），然後看到價格較低、但品質功能相去不遠的替代品（近因效應），由於價格參考點之故，他們可能會認為第二種商品更具 CP 值吸引力。廠商便可利用此種效應來推廣某特定商品或制定價格策略：首先在賣場陳設價格較高的旗艦商品，然後展示功能品質相去不遠、但價格較為親民的非旗艦商品

（其實是廠商的主力商品），將可能引導消費者作出購買廠商主打商品的決策。

然而，廠商必須斟酌如何在「首因效應」和「近因效應」之間取得平衡，以避免過多的資訊淹沒消費者。此外，消費者接觸資訊到作出決策的時間距離，也會影響「首因效應」和「近因效應」的效果。當資訊呈現和決策或回憶任務之間存在顯著的時間落差之時，「首因效應」和「近因效應」的效果可能會減弱，甚至會化為烏有；例如，如果消費者最近看到一系列有關於某商品的廣告，但卻要幾週之後才需作出是否購買的決策，如此一來，「首因效應」和「近因效應」對於消費者的決策影響力，可能就變得微乎其微。

此外，每個人的記憶強度和認知過程天生的差異，也會影響「首因效應」和「近因效應」的效果。簡而言之，有些消費者比較容易受到「首因效應」的影響，而另一些消費者可能更容易受到「近因效應」的影響。廠商在設計廣告策略時應考慮到此種個體差異性，並根據目標客群的

特定偏好和需求，量身打造出更具吸引力的第一印象和難
忘的消費者體驗，透過「首因效應」和「近因效應」的交
互運用，達到提高消費者滿意度和忠誠度的終極行銷目
標。

基本心法

要克服「首因效應」和「近因效應」的影響，確實是一項很艱鉅的挑戰。消費者不妨利用《直覺陷阱：擺脫認知偏誤，擁有理性又感性的 30 個超強心理素質》一書中所提到的「費雪賓模式」（Fishbein model），可以幫助消費者以更加科學化的方式去分析資訊，無論其出現的先後順序。

單純曝光效應

(Mere Exposure Effect)

——愈看愈喜歡？

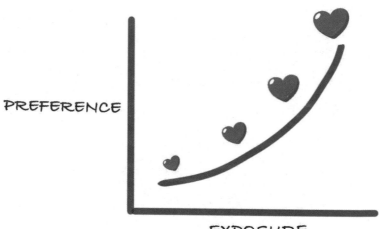

（圖片來源：作者自行繪製）

「單純曝光效應」（mere exposure effect）說明了消費者傾向於對他們經常接觸的產品或品牌，產生心理學上所謂的「非理性的偏好」（irrational preference）。讓商品不斷地重複曝光於消費者的視線範圍內，有助於消費者增加對該商品或品牌的熟悉感和正面觀感，使消費者更有可能加以選擇，而非選擇其他不太熟悉的品牌。

單純曝光效應之定義與研究

「單純曝光效應」，也稱為「熟悉原理」（familiarity principle），是一種心理現象，描述了人們不斷重複暴露於特定外在刺激下，如何導致對該刺激產生正面觀感或偏好增加。從消費心理的層面上加以觀察，此種效應在消費者對品牌、產品和行銷資訊的態度方面上，具有舉足輕重的角色。

波蘭裔的美國心理學家羅伯特・札榮茨（Robert Zajonc）在 1968 年首次提出了「單純曝光效應」的研究，他進行了一系列實驗來研究刺激重複曝光與喜好度之間的關係。在此一堪稱經典的研究中，他向受試者出示了一系

列不熟悉的外國語言單字，每組被要求看的次數不等，其中部分受試者的次數高達廿五次，然後要求他們猜測這些單字是偏向正面或負面的意義。研究結果顯示，看到次數最多的受試者愈傾向於認為該單字是偏向正面涵義。

此一研究發現已被擴充應用到其他各種外在刺激，包括圖像、聲音、面孔和品牌名稱。「單純曝光效應」指出，無論外在刺激的實際屬性為何，僅依賴熟悉度就可以讓人們產生正面的態度。

「單純曝光效應」背後的關鍵機制之一是「處理流暢性」（processing fluency）的概念。「處理流暢性」是指大腦處理和理解外在資訊的順暢程度。當資訊刺激因反覆接觸而變得熟悉時，大腦就會更易於處理，而此種處理的容易性會導致人們對該刺激產生正面的觀感或偏好。心理學的研究指出，相對於處理難度高的刺激，易於處理的刺激通常會被視為是更令人愉快和更具有吸引力。

此外，處理流暢性可能會受到重複率、訊息曝光的持

續時間以及刺激呈現的場景脈絡等因素的影響；例如，高重複率或更長的曝光持續時間，往往會提高消費者對資訊的處理流暢性，進而產生更強的「單純曝光效應」。

　　讓我們來看一個例子：大家應該都有追劇的經驗吧？當你開始看一部連續劇時，無論是韓劇、日劇、陸劇，對於片頭一開始的主題曲，第一次聽的時候也許覺得沒什麼感覺，說不上好聽或不好聽，但隨著觀看集數的增加，聆聽該首主題曲的次數增加，你可能會發現主題曲怎麼愈聽愈好聽了？但音樂還是原來的音樂，你也還是原來的你，那為何會有這種前後不一的感受呢？別懷疑，這就是「單純曝光效應」之功！

　　「單純曝光效應」還證明了重複的刺激即使本身毫無意義或無關緊要，由於不斷重複出現之故，它仍然可以導致喜好或偏好的增加。例如，在另一項心理學實驗中，受試者接觸到一系列隨機出現的圖像，有些圖像比其他圖像重複的次數更加頻繁，然後受試者被要求評估他們對各種圖像的喜愛程度。研究結果顯示，受試者認為重複的圖像更

討人喜歡，儘管它們不具任何的文字或圖像意義。此一發
現突顯了重複曝光在塑造消費者偏好和態度方面的重要性。

廠商對單純曝光效應的應用

　　「單純曝光效應」對品牌實務和廣告也具有重大的影
響力。對於廠商而言，透過在行銷活動中融入一致的品牌
元素和資訊傳遞，例如重複廣告歌曲、品牌標誌和標語等
品牌元素，可以增強消費者對品牌的熟悉度和處理流暢
性，也就是強化了所謂的「洗腦」功能，進而影響消費者
產生正面的認知。

　　換句話說，廠商不妨透過確保消費者無時不刻地看到
他們的品牌名稱、標誌或廣告資訊，以徹底在合理範圍內
將「單純曝光效應」發揮到極致。消費者接觸到某個品牌
資訊的次數越多，便會提高消費者的品牌熟悉度，此種熟
悉感有助於轉化為消費者正面的認知，並增加購買的可能
性。例如，在廣告預算許可的情況下，品牌不妨經常使用
跨多個通路和平台的廣告活動，讓曝光度趨於極大化；此
種品牌資訊的重複性有助於消費者熟悉該品牌，讓他們在

未來的購物情境中再次接觸到該品牌時，產生更高的回憶度和識別度。

在數位時代，「單純曝光效應」更加重要，因為與消費者建立聯繫的管道或是媒介，已從傳統的實體延伸到網路上。社群媒體、網路廣告、電子郵件行銷和網站的內容行銷，都提供了讓消費者反覆接觸品牌資訊的機會。

然而，「單純曝光效應」並非像倚天劍或屠龍刀般無敵地存在，廠商必須切記不可誤踩下列兩條紅線：

第一、特別是在新產品首支廣告採取前衛性廣告手法時，避免讓消費者產生強烈的負面觀感，此種負面的第一印象一旦形成之後，重複曝光只會造成消費者的厭惡感呈現倍數成長，也就是「單純曝光效應」反而會成為廠商的穿腸毒藥。

第二、廠商在廣告策略中使用「單純曝光效應」時，切記不可過分重複曝光。品牌資訊的過度曝光或過度重

複，可能會導致消費者產生疲勞或甚至產生厭惡感。

　　依據 Comscore 的調查指出，以 Youtube 廣告為例，在廣告上線的 2 到 6 天之內，如果消費者接觸到同一廣告刺激的次數達到 5 次，其廣告收看率會比只接觸到 3 次廣告刺激者高出 2.7 倍。Facebook 的官方報告也提出類似的看法：消費者接觸到同一 Facebook 廣告超過 5 次以後，他們對廣告的記憶度和回應率便會逐步趨緩。

　　在電視廣告中亦有所謂的「三八主義」，也就是說目標客群若在特定期間內接觸到廣告訊息若低於三次，恐怕無法留下印象與記憶度（recall），但若超過八次，反而可能會引起目標客群的麻木甚至反感。因此無論是新興的網路媒體或是傳統的電視媒體，均反映出一個現象──「單純曝光效應」並非是可以肆無忌憚盡情發揮的萬靈丹，過度重複曝光反而會造成反效果。

　　因此，品牌的資訊必須力求變化，以確保其資訊對於消費者有新鮮感、具有吸引力且與自己有切身相關性，以

避免造成消費者的反感。例如,多芬(Dove)在台灣所播出的廣告,近年來一直採取真人實證(testimonial)的廣告手法,無論是洗髮乳或是沐浴乳均無不同,請素人而非大牌明星證言的方式,已變成是多芬一貫的廣告風格。然而,由於為了讓消費者不會對千篇一律的多芬廣告產生疲乏感,多芬便運用了不同版本的素人證言式廣告,以增加消費者對多芬廣告的新鮮感。

接下來再看一個例子:

2020 年迄今造成一股衝鋒衣搶購熱潮的台灣品牌 One Boy,繼郭雪芙(代言冰鋒衣)、張鈞甯(代言機能輕旅鞋)、炎亞綸(代言冰鋒衣)、林心如(代言冰鋒衣)、賈靜雯(代言內衣)等知名藝人後,2022 年底更以重金禮聘到韓劇女神「金秘書」朴敏英擔任 One Boy 衝鋒衣代言人,一舉將 One Boy 的品牌知名度與網路聲量推到最高峰;2023 年 One Boy 又邀請到以大陸綜藝節目「乘風破浪的姐姐 3」而再度爆紅的王心凌代言,廣告手筆之大令人咋舌。

　　姑且不論 One Boy 土豪式大撒幣邀請大咖明星代言的行銷手法是否恰當，但從「單純曝光效應」的觀點來看，One Boy 的廣告手法無疑是成功的。首先，One Boy 鋪天蓋地式的廣告，讓消費者不論是看電視、上網，甚至走在街頭上，都可見到 One Boy 的廣告，此舉增加了對消費者的重複曝光度。再者，相較於台灣其他本土成衣業者，例如 OB 嚴選與 Lativ，One Boy 所邀請到的廣告代言人，不論從話題性或數量上來看都遠遠超越，吸睛程度爆表。最後，One Boy 的廣告懂得適時更換代言人，例如冰鋒衣便分別邀請了郭雪芙、炎亞綸與林心如代言，以避免消費者對廣告產生麻木與疲乏感。總結來看，One Boy 的廣告手法完全符合了「單純曝光效應」的基本原則，因此爆紅並不意外。

與其他認知偏誤效應的關聯應用

　　此外，「單純曝光效應」也可能與其他會影響消費者認知偏誤的效應產生關聯性，因此更加左右了消費者的認知與決策。例如，「可得性捷思法」（availability heuristic）指的是個人傾向於依賴其記憶中最容易抽取的

資訊以作出決策，即使這些資訊與決策本身不具太大相關性。在「單純曝光效應」的推波助瀾之下，當消費者因反覆接觸某個品牌或產品而對之產生高度熟悉感之時，他們在作出購買決策之時便極有可能將它列入「喚起的考慮集合」（evoked consideration set），一旦被列入此一集合後，該品牌商品被購買的機率便會大大提高。這是因為當消費者考慮特定類別的商品或需求時，透過「單純曝光效應」與「可得性捷思法」，會使得該品牌在腦海中更容易被喚起，因而增加了被選擇的可能性。

「單純曝光效應」也可能與「月暈效應」（halo effect）互相拉抬，對消費者產生更強的影響力。在品牌行銷的應用上，「月暈效應」是指廠商致力於讓消費者對該品牌某一特質的正面感受，延伸到同一商品的其他特質上，甚至是將對該品牌某種商品的好感度延伸到同品牌的其他產品線之上。例如，當消費者因反覆接觸到某個品牌的訊息或親身的使用經驗，而對該品牌產生正面的認知，他們可能會將此種正面的認知轉移到該品牌的其他產品上，即使他們以前並未使用過這些商品，也就是佛洛伊德（Sigmund

Freud）所提出的「無意識的移情作用」（unconscious transference）。透過「單純曝光效應」的加持，可以加深消費者對「月暈效應」的倚賴程度。

此外，「單純曝光效應」也會影響消費者對某些產品設計元素或包裝設計的觀感，進而形成對該品牌具有獨樹一幟風格的正面認知。當消費者反覆接觸到某品牌商品特定的設計或包裝風格時，他們可能會對此種風格產生偏好，並將其與該商品其他屬性產生正面的聯結，即使該商品本身與市場上的其他競爭商品大同小異。例如無印良品（Muji）以其「極簡主義」（minimalism）和「無品牌」（no-brand）的設計方式而聞名，無印良品的產品通常具有簡單的設計、中性顏色的設計質感，同時兼顧功能性和實用性；而戴森（Dyson）的設計風格則強調尖端技術和功能性，戴森的產品通常具有現代、時尚的外觀和創新的工藝。無論是無印良品或是戴森，在長期受到「單純曝光效應」的加持之下，早就在消費者心目中留下具有特殊風格的品牌定位。

　　雖然重複曝光有助於增加消費者的喜好或偏好，但並不能保證長期的消費者忠誠度或消費者信任。「單純曝光效應」只是提供廠商一種廣告手法以強化消費者的品牌偏好，維繫品牌的長久之計仍在於構思如何提供具特色品牌定位之商品，並提供卓越的客戶服務與前所未有的品牌體驗，以便能與消費者建立長久的關係。

基本心法

為了減輕「單純曝光效應」的可能誤導，消費者可以在作出消費決策之前詳盡地尋找各種資訊，並列出一系列符合本身需求條件的選擇集合（choice set），再分別根據商品或服務的各個屬性予以過濾，將可能幫助個人擺脫「愈看愈喜歡」的魔咒。

吸引力效應

(Attraction Effect)

——誘餌幫助擺脫選擇
困難症？

（圖片來源：作者自行修改自 https://www.freepik.com/free-vector/kitchen-appliances-electric-blender-whisk-household-equipment-cooking-food-mixer_15241118.htm#query=Juicer&position=15&from_view=search&track=sph）（freepik 免費授權使用）

　　「吸引力效應」（attraction effect）是指廠商所採取的一種誘餌手法，目的是在現有的兩個各有千秋的選項中導入第三個吸引力較小的選項，來影響消費者從原來兩個選項的其中之一作選擇。「誘餌選項」（decoy option）是故意設計加入選擇集合之中，目的是使原始選項其中之一相比之下顯得更具優勢。此種效應常被應用於定價策略和產品綑綁（product bundling）的手法上。

吸引力效應的定義與研究

　　「吸引力效應」是一種常見的認知偏誤，在影響消費者決策方面發揮著極重要的作用。此種偏見會影響消費者如何評估和選擇不同的選項、產品或品牌。了解這些影響可以幫助行銷人員和廠商設計出更有效的行銷策略，並提高消費者滿意度。

　　「吸引力效應」是 1981 年由喬爾・胡伯（Joel Huber）、約翰・佩恩（John Payne）和克里斯多福・普多（Christopher Puto）三位美國學者率先提出，後來美國史丹福大學教授伊特瑪・賽門森（Itamar Simonson）透過一系列的研究加

以發揚光大。

　　「吸引力效應」也稱為「不對稱支配效應」（asymmetric dominance effect），意指原本人們要在兩個選項中作出選擇，而消費者對其中某一個選項的偏好，會因第三種不太有吸引力的選項加入而增加。「吸引力效應」會導致消費者認為與「支配選項」（或稱為「誘餌選項」）相較之下，原本兩個選項其中之一顯得更棒或更有價值，因為誘餌選項的客觀條件通常會被蓄意設計地較為遜色。

　　為了說明「吸引力效應」，請想像下列這個場景：

　　每年一度的雙十一購物節又到了，你想為自己家裡添購一台渴望已久的水波爐，在經過仔細篩選後，你正在考慮從兩個不同品牌的水波爐之間進行選擇：品牌 A（容量 26L，可裝得下兩層烤架，售價 5,999 元）與品牌 B（容量 32L，可裝得下三層烤架，售價 8,999 元）。除了容量導致的烤架層數不同以外，這兩個品牌的水波爐無論在品質、功能、外型設計感等所有其他條件上都不分軒輊。此

時你會選擇哪個品牌？

　　在此種情況下，你的選擇不外乎是考慮容量和價格之間的折衷（trade-off）。如果你對容量賦予較高的決策權重的話，那麼無疑地品牌 B 是最優的選擇。相反地，如果你比較不在乎烤架數量，而是在乎商品總價的話，品牌 A 當然會是不二選擇。

　　這是消費決策中的一個經典選擇場景，並不難作出選擇，因為其中並不存在干擾決策的「誘餌選項」。簡而言之，消費者要作的選擇，不外乎是品牌 B 在烤架數量上佔優勢，品牌 A 則是在價格上佔上風。以古典機率的觀點來看，在不考慮其他因素的干擾下，消費者選擇品牌 A 和品牌 B 的機率應該相等，也就是均為 50%。

　　現在考慮一個稍微複雜的場景，也就是新加入誘餌選項 C，亦即消費者的水波爐選擇集合中包括 A、B、C 三種品牌；同樣地，品牌 C 在品質、功能、外型等所有其他主客觀條件上，都與品牌 A 和品牌 B 差不多。然而

品牌 C 雖然和品牌 A 一樣只有兩個烤架，但容量卻只有 23L，不如品牌 A 的 26L，不過售價也是 5,999 元。

在此一情況下，消費者會把新加入的品牌 C 當作是比較主體，並以品牌 A 作為參考點，因為兩者在所有其他屬性上都相同（包括烤架數量和價格），唯一的差別在於品牌 C 在容量上較為遜色。此時你選擇 C 的機會有多大？我猜答案可能趨近於零吧！

也許你會問，那為何消費者不會把品牌 C 拿來和品牌 B 作比較呢？因為不論是從容量、烤架的數量，以及價格上來看，品牌 C 和品牌 B 都存在極大的差異；也就是說，以品牌 C 當作比較主體的情況下，品牌 B 並不具備當作參考點的條件；亦即不同檔次的商品無法比較。因此，若是消費者把容量或是烤架數量多寡當作選擇的重要標準的話，品牌 A 和品牌 C 都不會列入考慮，只有品牌 B 才是消費者的唯一真愛。

另外你可能也想知道，那為何會有廠商自甘成為不

受消費者青睞的誘餌品牌呢？以上面的例子來看，品牌 C
很有可能就是生產品牌 A 的廠商所推出的副品牌，目的
是希望透過品牌 C 所帶來的「吸引力效應」，來增加品牌
A 被購買的機率，以甩開原本和品牌 B 緊繃的差距；因
為在只有品牌 A 和 B 的情況下，依據古典機率來看，雙
方各有 50% 被選擇的機率。

「吸引力效應」何時會發揮作用呢？從上面的例子
來看，加上了「誘餌選項」品牌 C 之後，儘管實際上很
少人會選擇品牌 C，但它實際上對品牌 A 產生了「吸引
力效應」。也就是說，透過品牌 C 與品牌 A 的對比，更
凸顯了品牌 A 的優勢（容量較大但價格一樣），因此會造
成對品牌 A 的偏好不成比例地增加；亦即廠商透過把品
牌 C 當作誘餌，使得品牌 A 被選擇的機率增加。而品牌
A 所增加的被選擇機率，基本上是從品牌 B「竊取」過來
的，因為品牌 C 只是誘餌，被消費者選擇的機率原本就
不高。此一結論乃是基於「不對稱性支配」的經典行為科
學原理，因此也稱之為「吸引力效應」。

　　然而，並非所有人都會受到「吸引力效應」的影響。心理學的研究指出，「吸引力效應」的強弱取決於每個人的思維方式。一般來說，喜歡深思熟慮對事物進行推理的人比較不會受到「吸引力效應」的影響；但遇事常常憑藉直覺作出反應的人，便極有可能受到「吸引力效應」的誘惑，墮入直覺陷阱而不自知。

廠商對吸引力效應的應用

　　「吸引力效應」可以在各種商業實務中觀察得到，包括定價策略、產品捆綁銷售（bundle selling）和菜單設計上都可見到它的身影。廠商可以策略性地利用「吸引力效應」來影響消費者的選擇，並誘導他們選擇價格更高或更高利潤的選項。例如，在餐廳的菜單設計上，可以將中價位菜餚與高價位菜餚的價格拉近，也就是以中價位菜餚當作誘餌選項，使得高價位菜餚與之相比之下顯得對消費者更具吸引力。相同地，在每碟菜的份量設計上，例如中盤 vs. 大盤，也可以運用「吸引力效應」如法炮製。

　　除了在實體商品的銷售上之外，廠商所提供的服務也

適用「吸引力效應」。讓我們看下面這個例子：

好不容易等到了連續假期，你想結合年休假合計二週的時間去奧地利旅行，在上網搜尋了各大旅遊網站之後，你找到了下列兩種航班：

A 航班需要在杜拜轉機，中轉停留的時間是 3 小時，票價新台幣 3 萬元；

B 航班也是在杜拜轉機，中轉停留的時間是 9 小時，票價新台幣 2 萬 5 千元。

此時你面臨的選擇考量不外乎是：要省時間就多花 5 千元搭乘 A 航班；若想省錢就搭乘 B 航班，只是轉機時間比 A 航班多花 6 小時。

正當你猶豫不決時，你發現航空公司新增了加班的 C 航班如下：

　　C 航班也是在杜拜轉機，中轉停留的時間是 4 小時，票價也是新台幣 3 萬元。

　　你原本預計想省一點錢，比較傾向選擇 B 航班，但是仍在天人交戰中，尚未作出決定。但在你看到 C 航班的轉機時間和票價之後，會不會有轉而購買 A 航班機票的衝動？

　　依據古典機率的法則來看，你原本購買 A 航班和 B 航班的可能性分別均是 50%，完全取決於你賦予轉機時間和票價的權重孰輕孰重。但在「誘餌選項」（也就是 C 航班）加入之後，你可能會把 C 航班和現有的兩個航班作比較：

　　與 A 航班相比，C 航班的轉機時間多 1 小時，票價卻相同，因此 A 航班優於 C 航班。

　　與 B 航班相比，C 航班的轉機時間少了 5 小時，但票價貴了 5,000 元。

　　身為消費者的你，此時的決策重心又回到了到底是要
省錢還是省時間？若是想省時間的話，與其選 C 航班還
不如去選擇 A 航班，可以少一小時的轉機時間。也就是
說，除非你打定主意以省錢為最高指導原則的情況下會
選擇 B 航班，那麼無論有沒有 C 航班這個誘餌選項的加
入，結果均無不同。但如果是在省時間與省票價之間舉棋
不定的話，你很有可能會因 C 航班的加入，而增加選擇 A
航班的機率。也就是說，航空公司成功地運用 C 航班這
個誘餌選項，誘發你選擇 A 航班的決策。

　　同樣地，在網路商品的銷售上，廠商也可以利用提供
包含高價商品和其他捆綁商品來利用「吸引力效應」。此種
以高價商品充當誘餌，可以使捆綁商品顯得更加優惠，並
鼓勵消費者選擇捆綁商品，而非選擇購買單獨個別的商品。

　　美國杜克大學心理學教授丹・艾瑞利（Dan Ariely）
在他出版的《誰說人是理性的》（天下文化）一書中，便
曾利用《經濟學人》（ The Economist ）的訂閱方式作為案
例，說明如何利用「吸引力效應」來鼓勵訂閱者選擇較高

價的捆綁式訂閱選項。以下便是各方案的內容選項：

方案一：紙本版每年的訂閱價是 125 美元；

方案二：網路版的每年訂閱價為 59 美元；

方案三：紙本版與網路版合購的優惠訂閱價也是 125 美元。

在方案三尚未出現之前，消費者的選擇只有兩種：喜歡手中拿著紙本的讀者選擇方案一，但是價格比網路版高出一倍多；已習慣閱讀電子書的讀者選擇方案二，而且可以省下超過一半的訂閱價。

對於《經濟學人》而言，顯然是把相對價格較高的紙本版當作是「誘餌選項」。因為以經濟學的觀點來看，超過經濟規模印刷量之後，固定成本已被攤提掉，幾乎只剩下紙張與印刷成本，每多印一本雜誌的成本可說是微不足道，而每位紙本版訂戶所貢獻的訂閱金卻是網路版的二倍

多！這筆划算的生意何樂而不為？

　　透過方案三（紙本版與網路版合訂）的優惠價與僅訂閱紙本版（方案一）的價格相同，《經濟學人》成功地吸引不少讀者選擇方案三，而非訂閱價較低的方案二。對於《經濟學人》而言，在完成文章內容排版之後，網路版的成本趨近為零，所收取的訂閱費也幾乎等於淨利。精確地說，方案三（紙本版與網路版合訂）的成本幾乎與方案一（單純紙本版）毫無二致，但對於採取訂閱制的消費者而言，卻是「買方案一送方案二」，自然能夠吸引消費者的青睞，其背後的邏輯完全符合「吸引力效應」的原則。

　　以上面《經濟學人》的例子來看，如果把方案一與方案二的價差縮小，「吸引力效應」的效果是否會更強，這點不妨請大家自行思考一下。

　　總結來看，「吸引力效應」是基於「相對比較」的論點；當消費者評估現有選項時，他們會傾向於依據相對差異，而非絕對屬性來作出決策。也就是說，當吸引力較小

的選項出現之時，會使得被比較的目標選項顯得相對突出，進而導致消費者偏好的轉變。

　　此外，「吸引力效應」未必總是能為廠商攻城掠地。如果「誘餌選項」缺乏與目標選項相較的不利點，或是與消費者所關注的考量點不一致，則可能無法發揮「吸引力效應」。因此，廠商必須慎選「誘餌選項」，以確保能突顯目標選項的優勢，如此才能把「吸引力效應」發揮到極致。

基本心法

並非所有人都會受到「吸引力效應」的影響。「吸引力效應」的強弱取決於每個人的思維方式。一般來說,喜歡深思熟慮對事物進行推理的人比較不會受到「吸引力效應」的影響;但遇事常常憑藉直覺作出反應的人,便極有可能受到「吸引力效應」的誘惑,墮入直覺陷阱而不自知。因此要避免受到「吸引力效應」的左右,最好的方式便是多運用「系統性思考」(systematic thinking),針對各方案的選項予以仔細評估,如此方能作出明智的消費決策。

妥協效應

(Compromise Effect)

——左右為難，選中間的比較保險？

（圖片來源：作者自行修改自 https://www.freepik.com/free-vector/vector-set-different-realistic-hamburger-classic-burger-american-cheeseburger-with-lettuce-tomato-onion-cheese-beef-sauce-close-up-isolated-white-background-fast-food_11061176.htm#page=3&query=Big）（freepik 免費授權使用）

　　人的一生總是不斷地在面臨一連串的選擇，無論是求學、工作、婚姻等等。選擇本身並不困難，困難的是在各項備選方案中，每一個方案均各有其優缺點，所謂「有一好，沒兩好」，因而造成了消費者選擇困難的情況日益增加。

妥協效應的定義與研究

　　傳統的經濟學原理主張，在一個自由經濟的市場當中，且產品競爭力無差異的前提之下，新產品的加入將有可能降低原本市場內各廠商商品的市場佔有率。例如，市場內有兩家廠商各自具有不同屬性特色的商品，在各有目標客群的情況下，市場佔有率分別為 50%；但在新廠商加入之後，可能形成三分天下的局面，原本兩家廠商的市場佔有率可能均降至 33% 左右。

　　然而新興的行為經濟學卻提出截然不同的觀點，例如「妥協效應」（compromise effect）指出，當人們在偏好不確定或產品知識不足的情況下，在面對產品屬性差異兩極化的不同選項時，極有可能為了降低決策風險或是損失厭惡，而選擇介於「極端選項」（extreme option）中間的安

全選項。也就是說，原本兩家廠商的市場佔有率極有可能均會降至 33% 以下。

　　如前所述，「妥協效應」是指當消費者在面對「極端選項」時，比較傾向於選擇「中間選項」（intermediate option）的現象。從心理學的觀點來看，除了降低決策風險或是損失厭惡以外，「妥協效應」另外一個解釋是基於捷思法之故，也就是人們為了避免思考兩個（或以上）「極端選項」可能會帶來高度的認知負荷（cognitive load），而由於人們天生具有的思考惰性之故，介於「極端選項」之間的中間選項，比較需要相對較少的認知資源投入，因而比較容易雀屏中選。

　　「妥協效應」是美國史丹福大學教授伊特瑪‧賽門森（Itamar Simonson）於 1989 年在《消費者研究期刊》（*Journal of Consumer Research*）中所提出，在該篇名為〈基於理由所做的選擇：吸引力與妥協效應的案例〉的經典研究中，賽門森教授進行了一系列的實驗來驗證「吸引力效應」與「妥協效應」。

根據「妥協效應」的觀點來看，雖說是在當前的選項中增加一個相鄰的、非誘餌的中間選項，應該會減少原本選項的市場佔有率，但其變化的幅度仍舊難以預測。但可以確定的是，中間選項的市場佔有率是分別自原本的極端選項中取得的。例如，在下圖中，在屬性 Y 上優於 A 品牌和 B 品牌、但在屬性 X 上比 A 品牌和 B 品牌遜色的 C 品牌，添加到原本由 A 品牌和 B 品牌所組成的選擇集合 1 當中，將有助於增加 B 品牌的市場佔有率。

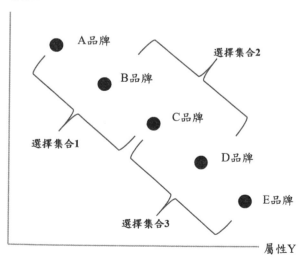

當消費者預計自己所作的決策會被他人評估時，「妥協效應」更有可能會發揮作用。就以送禮行為來看，當你不確定收禮者比較偏好禮物的哪種屬性時（例如功能 vs. 外觀設計），那麼合理的解決方案便是選擇中間選項，因為它可能是風險最小的最安全選擇。再者，與現有的「極端選項」相較，中間選項結合了「極端選項」的所有屬性，雖然未必在所有屬性上都表現最佳。相較於「極端選項」在某些屬性上表現優異，但在別的屬性上卻又乏善可陳，中間選項至少在各屬性上都有一定的水準，足以說明被選擇的合理性。

為了說明「妥協效應」，請考慮下面這個場景：

又到了年底發年終獎金的時刻了，為了犒賞自己過去一年來的辛勞，你打算購買一台新的智慧型手機，上網爬文之後決定在兩款手機之間進行選擇：手機 A 和手機 B。手機 A 具有更好的功能，但價格相對較高；而手機 B 的價格比較便宜，但功能相對較少。你雖然捨不得花太多錢在手機上，但也不想太屈就於過於陽春的功能，因此陷

入一陣長考……好巧不巧，你的好朋友向你介紹另一款手機，也就是手機 C，無論其價格和功能都介於手機 A 和 B 之間。在這種情況下，妥協選項（手機 C）的存在可能會導致消費者的偏好逆轉（preference reversal）。也就是說，手機 C 在手機 A 和手機 B 這兩個極端選項之間提供了折衷，因此似乎是一個安全的選擇。

廠商對妥協效應的應用

　　「妥協效應」對產品定位和定價策略均具有重大影響力。廠商可以善加利用「妥協效應」來引導消費者選擇他們想要主打的特定商品。例如，廠商推出價位不同的系列產品時，除了市場定位的考量之外，也可運用「妥協效應」讓中價位商品更加突出，以獲取更高的市場佔有率。

　　以下圖來看，假設在選擇集合 1 當中，原本只有 A 和 B 兩個品牌，雙方由於在屬性上各有千秋（A 品牌在屬性 X 上優於 B 品牌，但 B 品牌在屬性 Y 上優於 A 品牌），因此市場佔有率平分秋色；但是如果當 B 品牌的廠商策略地推出副品牌 C 的時候，局面就可能會改觀，亦

即 A 品牌和 C 品牌變成「極端選項」，而 B 品牌變成中間選項。因此消費者很有可能會因為「妥協效應」而造成 B 品牌的市場佔有率上升。

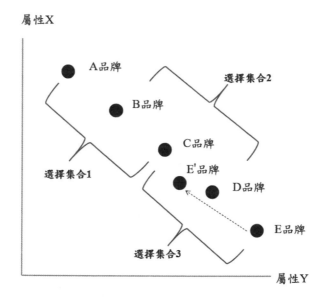

在選擇集合 1 當中，A 品牌很有可能因為在屬性 Y 上面的表現未達到消費者的最低要求門檻而出局，因此進入選擇集合 2 的情境。從選擇集合 2 來看，原本的選項只剩下 B 品牌和 C 品牌，這時候由於 C 品牌是 B 品牌廠商所推出的副品牌。如果 D 品牌加入的話，且在屬性 X 上遜於

B 品牌和 C 品牌，但在屬性 Y 上優於 B 品牌和 C 品牌，則很有可能會造成 B 品牌和 D 品牌變成「極端選項」，C 品牌變成中間選項，因而導致 C 品牌的市場佔有率上升，自己卻沒獲得好處。所以此時 D 品牌最好的策略就是拉開屬性的差距，例如調整屬性所在的位階；或是另闢屬性的戰場，不要和 B 品牌和 C 品牌在現有屬性上廝殺。

類似的情境也發生在選擇集合 3 當中，E 品牌最佳的策略就是應該設法跳脫「極端選項」的角色，以免為人作嫁。基本上有兩種策略方向可以避開「妥協效應」：

第一、透過調整商品屬性的表現，把 E 品牌的屬性位階調整至介於品牌 C 和品牌 D 中間，也就是設法把 E 品牌變成中間選項（如上圖中的 E'），而讓品牌 C 和品牌 D 變成「極端選項」。如此一來，在「妥協效應」的作用下，前身為 E 品牌的 E' 品牌被消費者選擇的機率將會大增。

第二、避免與現有的品牌 C 和品牌 D 正面交鋒，透過將戰場拉至新的屬性上，讓消費者無法從現有屬性上從事

比較，可以避開「妥協效應」的影響，並轉而利用「相似性效應」（similarity effect）反將一軍，以取得市場佔有率。

扭轉妥協效應的相似性效應

所謂的「相似性效應」是指在同一種商品類別中，倘若市面上有三種商品中有兩種具有很高的同質性，那麼消費者會傾向去選擇另外那個完全不同的商品。例如，御茶園和茶裏王均有無糖日式綠茶的商品，可口可樂公司如果也打算推出日式綠茶商品的話，該如何在御茶園和茶裏王這兩個領導品牌的絕對優勢下殺出重圍？

如果單純只是標榜日式綠茶，恐怕對可口可樂不是一個明智的抉擇。因為消費者早已習慣可口可樂是生產可樂的領導品牌，而非生產茶飲的專業品牌。若想要抵消此種先天的偏見，唯有透過產品差異化方能成功。因此，可口可樂所推出的「原萃」日式綠茶，除了不添加香料 100% 與無糖之外，更標榜添加日本進口抹茶粉，藉此以開創不同的產品屬性；同時，更推出具有海苔味的「冷萃日式深蒸綠茶」，以徹底拉開屬性之差異。透過拉大屬性之差

異，有助於讓消費者重新思考屬性的權重，不至於淪為「妥協效應」下的犧牲品。

「妥協效應」對各個領域都有重要影響，包括消費者的行為決策、行銷設計和殺價談判。廠商經常目的性地導入「妥協選項」來影響消費者的選擇；也就是提供與「極端選項」相比顯得合理的中間選項，但其實中間選項才是廠商所欲達成的目標。

本章前面所提的手機案例，是功能與價格如何權衡取捨狀況下的選擇。讓我們來看另外一個例子：

想像一下，你平常每天都有喝咖啡的習慣，今天你又來到平常經常光顧的咖啡店，正在考慮要選擇小杯咖啡還是大杯咖啡，小杯咖啡 300cc 售價 50 元，大杯咖啡 600cc 售價 80 元，當你正猶豫小杯咖啡份量不夠時，大杯咖啡又太大杯，店員告訴你新增了中杯咖啡 450cc 售價 65 元，此時，你會不會轉而想改為買中杯咖啡？如果大杯咖啡 600cc 的價格改為 90 元（仍舊比兩杯小杯咖啡便

宜 10 元），中杯咖啡對你的吸引力會不會更為增加？

　　在殺價過程中，也可以利用「妥協效應」來引導最後的成交價格走向你心目中的理想價格。例如以廠商原本報價當作基準價格（「極端選項」）下殺，然後透過提出極低的出價當作另一個「極端選項」，同時附加上有條件的稍高價格當作中間選項（例如，加購比正常價格低的延長保固），如此一來，你可以使「中間選項」顯得更具吸引力，並增加成交的可能性。

　　此外，「妥協效應」並非在所有情況下都百試百靈，消費者個人的差異會影響其效果。某些消費者可能更喜歡極端的選擇，有的人致力於追求最高品質不考慮價格，有的人則是信奉「便宜就是王道」的消費原則；而相對佔多數的消費者可能會擔心決策風險而傾向於選擇折衷的選項。另外，如果消費者有強烈的屬性偏好或特定的決策標準，「妥協效應」就可能不太明顯。

　　「妥協效應」在複雜的決策場景中十分常見，特別是

購買高單價的商品之時。當面對價格和功能各異的多種選擇時，消費者可能會發現中間選項是最實用和安全的選擇。例如，想要購買新車的消費者可能會考慮兩種車型：旗艦款，價格相對昂貴，具有先進的配備功能；入門款，價格相對低廉，但配備功能相對陽春。此時車商推出了功能和價格之間進行折衷的進階款車型，可能會導致消費者選擇進階款，因為它代表了中間選項，並且似乎在價格和功能之間提供了良好的平衡。

　　了解「妥協效應」及其對決策的潛在影響非常重要。雖然「中間選項」似乎是一個安全且平衡的選擇，但消費者必須考慮個人偏好、需求和目標，並根據選項的內在價值，而非選項在其屬性範圍內的相對位置來予以評估，如此較容易能帶來更明智和令人滿意的決策。

基本心法

由於人們天生具有的思考惰性之故，介於「極端選項」之間的中間選項，比較需要相對較少的認知資源投入，因而比較容易雀屏中選。但是位居中間位置的「妥協選項」是否真的是最佳的選擇？是否有可能在商品屬性上的表現高不成低不就，仍舊無法滿足消費者的需求？此點恐怕值得消費者深思！

稟賦效應

(Endowment Effect)

——敝帚自珍？

ENDOWMENT EFFECT

NOT MINE   MINE

（圖片來源：作者自行修改自 https://www.freepik.com/free-photo/tea-with-teabag_1266886.htm#page=2&query=Cup and tag&position=26&from_view=search&track=ais）（freepik 免費授權使用）

「稟賦效應」（endowment effect）是指相對於尚未擁有之產品，消費者會對已擁有的產品賦予更高的主觀價值之傾向。此一現象可能會影響消費者在考慮販賣或交換產品時的價格判斷。

稟賦效應的定義與研究

經濟學家經常關注各種商品或服務，以試圖計算出這些商品或服務的估計價值。價值的評估通常源自於兩個概念：「人們願意接受出售的最低價格」（willingness to accept, WTA）和「他們願意支付購買的最高價格」（willingness to pay, WTP）。經濟學家認為，大多數商品WTA 和 WTP 之間的差距應該趨於最小化，交易才可能發生。然而，根據心理學的實驗研究證明，即使是對於同一對象，當買賣身分或角色互換之時，WTA 和 WTP 的估計價值也可能截然不同。具體來說，研究結果已證明，人們總是會對已擁有的物品產生比尚未擁有的物品更高的估計價值，這也就是「稟賦效應」的核心精神所在。

「稟賦效應」是一種認知偏誤，描述了個人在擁有某

個物品之後，會比尚未擁有之前賦予更高價值的傾向。換句話說，與尚未擁有的同一物品相比，人們對自己已擁有的物品會賦予更高的價值，並且不輕易「斷捨離」。此種心理現象對消費心理、行為決策和經濟理論均具有重大影響。

2002 年諾貝爾經濟學獎得主、美國心理學家丹尼爾·卡尼曼（Daniel Kahneman）曾經作過有關於「稟賦效應」的一項實驗。在該實驗中，卡尼曼向一群隨機選取的大學生受試者展示了一個售價 6 美元的馬克杯，並告知他們此種馬克杯的市場售價。其中一半的受試者免費獲得了這個價值 6 美元的馬克杯，另外一半則沒有受贈。接著卡尼曼要求擁有馬克杯的受試者表達他們願意用多少錢出售此馬克杯？另外，尚未擁有此一馬克杯的受試者則被要求回答願意花多少錢去購買此馬克杯？

實驗結果顯示，對於那些已擁有馬克杯的受試者而言，5.25 美元是他們可接受最低的出售價格（WTA）；但是對於那些目前尚未擁有該馬克杯的受試者而言，他

們願意付的最高價格是 2.75 美元（WTP）。此一實驗結
果清楚地顯示出「稟賦效應」的結論：一旦人們擁有某件
物品之後，對於它的主觀價值感會大大提升，遠遠高於尚
未擁有它之時。以簡單的數學式加以表示，就是 WTA >
WTP。

　　卡尼曼教授曾作過另一項與「稟賦效應」有關的研
究。在該實驗中，一樣是以馬克杯作為其中的一個實驗刺
激物標的，另外一個實驗刺激物則是巧克力。首先，以隨
機的方式把受試者分成兩組，第一組在完成問卷後，獲得
一個馬克杯作為贈品；而第二組在完成問卷之後，則是得
到一盒巧克力作為贈品，兩組受試者均被告知馬克杯與巧
克力兩者的市價相同。

　　在這兩組受試者收到贈品後，實驗者便告知這兩組受
試者其實一開始可以要求任選巧克力或馬克杯作為贈品，
隨後就詢問這些受試者現在是否願意互換贈品。由於受試
者是採隨機分配的方式選取，若依照統計學的觀點來看，
應該會有大約一半的受試者會選擇互換。但研究結果卻顯

示：只有一成的受試者願意選擇互換。換句話說，得到馬克杯的受試者中，大部分的人認為馬克杯較好；而得到巧克力的受試者當中，則是大部分的人覺得巧克力較好。

在電影《魔戒》（*The Lord of the Rings*）當中，也不乏有「稟賦效應」的場景。當戒指一到 Gollum 的手上，Gollum 就更加看重它，不肯放手。在「稟賦效應」中，我們賦予物質的價值可以是情感的、象徵性的、金錢的、潛意識的，或者邪惡的（在 Gollum 的例子中）。一旦人們培養了依戀感和歸屬感，他們就不願意放棄自己所擁有的東西，而且此種依戀感可能會在把該物品放在他們手中的最初幾秒鐘內就會發生！

不僅僅是人類，即使是其他動物也可能受到「稟賦效應」的影響。《政治經濟學期刊》（*Journal of Political Economy*）中曾描述過另一項交易實驗：讓黑猩猩在花生醬和果汁之間作出選擇，當首先提供花生醬給黑猩猩時，有 80% 的黑猩猩拒絕用它來交換果汁；然而如果先給黑猩猩果汁時，黑猩猩也拒絕用它來交換花生醬。

從上面這三組實驗中可證明「稟賦效應」的存在；也就是說，人們傾向於喜歡自己目前已擁有的東西，當我們認知到對某件物品具有擁有感之後，該物品主觀的認知價值，也會在心中自然而然地隨之提升。

稟賦效應對經濟和社會現象產生的重大影響

「稟賦效應」的存在挑戰了傳統的經濟假設——人們是根據效用和價值的理性計算來作出決策。相反地，「稟賦效應」有趣地點出一個現象：「擁有權」（ownership）本身就可以顯著影響人們對物品價值的看法，以及他們割捨物品的意願。

「稟賦效應」不僅限於發生在實體物品上，它也適用於無形的物品，例如想法、信仰，甚至認同關係。例如，一個人可能不願意改變他們的政治信仰或宗教觀點，因為他們對這些想法具有強烈的擁有權感。同樣地，個人可能會因為自己的心理擁有權感（sense of mental ownership），而不捨得結束一段長期的友情或戀愛關係。

「稟賦效應」在塑造消費者的偏好、支付意願和購買決策方面，已被證明扮演了極重要的角色。當消費者擁有某種產品或正在使用某個品牌時，他們可能會覺得手邊現有的這個商品，遠比他們尚未擁有或購買的相同替代品更具有價值；其中很關鍵的一個心理機制，便是：如果這些替代品更有價值的話，豈不是證明自己當初的選擇不夠明智？ 此種不明智的感受會對消費者造成悔恨與遺憾的心理不適感。為了避免心理不適感的產生，最直接的方式便是貶低其他替代品的認知價值。 因此，廠商若能善加利用「稟賦效應」，將有助於誘發消費者忠誠度（consumer loyalty）與品牌依戀（brand attachment），並降低消費者投入競爭品牌懷抱的意願。

「稟賦效應」是一種普遍存在的認知偏誤，其範圍遠遠超出了行為決策的範圍，並對各種經濟和社會現象產生了重大的支配力量，包括市場行為、交易和資源配置。在市場行為中，「稟賦效應」足以影響價格動態和市場效率。例如當買家和賣家由於擁有權的差異，而對同一物品有不同的估價時（WTA vs. WTP），可能會導致認知價格

落差而阻礙了交易的進行。簡而言之，賣方可能高估其所
欲出售物品的價格（WTA），而買方則低估了該商品的價
值，因而導致願意支付的價格（WTP）偏低，最後很有
可能會造成價格談判破裂而無法成交。

稟賦效應的實際應用

　　讓我們來看一個例子：雖然房市長期處於高點，但具
有剛性自住需求的買家仍然不少。今天你由於工作調職之
故，想要在新職工作地點附近買房，以減少上下班的通勤
時間。在看了多家房屋仲介公司的網站後，好不容易找到
了心儀的房子，現場看過之後，你對於屋況或周邊的生活
設施和交通便利性也都十分滿意，唯一的問題只在於最後
的關卡：價格。即使在不考慮房價上揚的前提下，賣家仍
堅持成交價必須高出當初購買價格 200 萬。

　　賣家的理由很簡單：「當初交屋之後，我花了 150 萬
元的裝潢費用，再加上裝潢過程中所花費的心力，我的賣
價多出原本購買價格的 200 萬並不過分吧？」

　　先把你是否喜歡賣家原本裝潢風格的因素排除在外，以「稟賦效應」的觀點來看，其實賣家上述說法的重點在於「心力」兩字；也就是說，原本居住在該房子的賣家，可能會由於當初裝潢所花費的心力，而對房屋本身產生強烈的擁有權感和依戀感，為了避免「斷捨離」所造成的心理不適感，因而導致他們設定較高的賣價。但對於你而言，由於尚未擁有該房屋，你對於該房屋的依戀程度相對較低，因此願意支付的價格也就隨之偏低了。此種由於「稟賦效應」所造成的 WTA vs. WTP 的價格差異，極有可能會導致雙方的價格談判陷入僵局，因而下降了成交的機會。

　　「稟賦效應」可以在各種消費場景中觀察到，最常見的便是電視網物或是網路購物的情境。台灣的電視購物或網路購物常常標榜「不好用或無效，保證無條件退款」或是「七天免費試用」的口號，但請大家捫心自問，你在電視購物或網路購物的經驗中，退貨的比例有多少？以一般的情況而言，你是否是因為產品本身極度不適用，或品質極度欠佳才會考慮退貨？

　　廠商標榜的「七天免費使用」，除了是遵循《消費者保護法》第 19 條第 1 項及第 2 項規定：「通訊交易或訪問交易之消費者，得於收受商品或接受服務後 7 日內，以退回商品或書面通知方式解除契約，無須說明理由及負擔任何費用或對價。……」的規範以外，也充分運用了「稟賦效應」。也就是你一旦收到商品之後，便對該商品產生了擁有權感與情感依附。若你選擇退貨的話，就會造成「斷捨離」的心理不適感；而為了避免這種心理不適感的產生，你往往便作出不退貨的決定。

　　同樣地，「稟賦效應」也可以運用於強化消費者的品牌忠誠度上。當消費者重複選擇某個品牌並成為忠實顧客時，他們可能會對該品牌產生一種擁有權感，因此更有可能主觀上認為該品牌優於競爭對手，並對該品牌提供的產品和服務給予更高的價值。此外，廠商可以利用「稟賦效應」來培養品牌忠誠度並加強客戶關係，透過鼓勵消費者對其產品或服務產生心理擁有權感，可以增強顧客黏著度，並降低客戶移情別戀轉向競爭對手的可能性。

　　打造擁有權感的最佳方式，不外乎是透過創造出消費者的個性化體驗和量身打造專屬個人商品的作法。當消費者參與產品的設計或生產之時，他們會對最終產品產生更強烈的擁有權感和情感投射。

　　另外，廠商也可以利用忠誠度計劃和獎勵措施來強化「稟賦效應」，藉由向忠實客戶提供獨家優惠和專屬權益，廠商可以增強消費者對該品牌情感連結與擁有權感，進而使消費者建立起長期的品牌忠誠度。

基本心法

承認「稟賦效應」的存在是克服其影響的第一步。
既然明白與物品的情感連結可能會導致對其價值的
扭曲認知，消費者不妨想像另一個場景：如果今天
你是對方的話，你是否會作出相同的價值或價格判
斷？也就是利用所謂「換位思考」的方式，來對標
的物進行評估，此舉將有助於擺脫「稟賦效應」的
陰影。

框架效應

(Framing Effect)

——文字解讀的藝術

（圖片來源：作者自行修改自 https://www.freepik.com/free-photo/two-plastic-bottles_976291. htm#page=2&query=Milk&position=4&from_view=search&track=sph）（freepik 免費授權使用）

　　「框架效應」是由以色列認知心理學家艾默士·特
沃斯基（Amos Tversky）與以色列裔美國心理學家、
2002 年諾貝爾經濟學獎得主丹尼爾·卡尼曼（Daniel
Kahneman）所提出。

框架效應的定義與類型

　　「訊息框架」（message framing）的定義為透過使用
正面與負面的屬性標籤，或產品、問題或行為的「獲得」
（gain）與「損失」（loss）的層面來呈現訊息。根據「展
望理論」（prospect theory）的觀點來看，「框架」是指相
同本質或涵義的訊息以不同方式呈現，據以影響訊息接
收者的解讀或評估產品或服務相關的訊息。植基於「展
望理論」的「框架效應」的基本主張，是當要求人們作出
決定的訊息是以具有正面意涵的「獲得」方式呈現之時，
個人傾向於採取風險趨避（risk aversion）的行為；而當
要求人們作出決定的訊息是以具有負面意涵的「損失」
方式來表達之時，則一般人便轉而傾向於選擇冒險（risk
taking）。此外，「框架效應」也與「負面偏誤理論」
（negativity bias theory）互相輝映，指出人們通常會把

「損失」的權重視為比「獲得」的權重更重；也就是說，以相同程度的「獲得」與「損失」來比較，一般人會覺得「損失」的影響力比「獲得」的影響力更大。

「框架效應」（framing effect）指出，資訊的呈現方式可以明顯影響消費者對資訊的解讀與後續的行為決策。例如，商品折扣呈現的方式為「原價減 20%」與「原價打八折」，可能會引發消費者不同的價值認知，即使它們在數學上來看毫無差異。

「框架效應」是一種典型的認知偏誤，對於消費者的認知和判斷具有重要的干擾效果。簡而言之，「框架效應」指的是資訊呈現或建構的方式可以顯著影響個人的選擇和判斷，即使資訊的內容本質上並無二致。此種心理現象對行銷、廣告、公共政策和消費者行為的各層面均具有深遠的影響。

基本上，訊息框架的呈現可以分為三種類型：

　　1.「風險選擇框架」（risky choice framing）：讓人們在正面 vs. 或負面框架的風險結果之間作出選擇。例如，你正準備住院開刀，醫生告知開刀的成功率有 70%（正面框架），但如果醫生的說法是該項手術有 30% 的失敗率（負面框架），請問哪種說法會讓你有較高的開刀意願？

　　2.「目標框架」（goal framing）界定了行為與目標實現之間的關係；也就是說，「目標框架」表示參與一項活動的後果，作為獲得利益 vs. 避免損失的機會。例如，成年女性進行乳房自我檢查的好處，是會增加疾病早期發現腫瘤的機會（正面框架）；而不進行乳房自我檢查則會降低早期發現腫瘤的機會（負面框架）。從「目標框架」的觀點來看，訊息以負面框架（negative framing）的方式予以陳述，其說服力應該優於正面框架（positive framing），因為「損失厭惡效應」（loss aversion）已經告訴我們，相對於獲得利益，人們對於潛在的損失更敏感，並且會賦予更高的權重，即使兩者影響的程度不分軒輊。簡單來說，在二擇一的前提下，人們寧可選擇放棄收益，也要盡力避免同等程度的損失。也就是說，在「目標框

架」的情境下，負面框架訊息應該會比正面框架訊息更有說服力。

3.「屬性框架」（attribute framing）也許代表了最簡單的框架情況，但它在解釋陳述方式如何影響消費者的訊息處理上，特別具有誘導性。在「屬性框架」中，框架的陳述對象是決策選項的屬性。亦即產品或選項是以具有「暗示性字眼」的方式，來描述其屬性的呈現方式。例如，牛絞肉可以被描述為「含有 85% 的瘦肉」（正面框架）或「含有 15% 肥肉」（負面框架）。在這個例子中，以現代人注重養生健康的觀點來看，相對於瘦肉而言，肥肉一般被視為是較不健康、會引起發胖負面聯想的「暗示性字眼」。因此「85% 的瘦肉」會比「15% 肥肉」更能贏得消費者的青睞。

心理學的研究指出，在「屬性框架」的情境下，正面框架訊息的陳述效果會比負面框架訊息更好，因為正面框架選項會引導消費者產生正向的聯想力，而負面框架選項只會產生厭惡或負面的聯想，這些主觀性的聯想會影響消

費者的評估或被說服的可能性。基於人們都有厭惡負面事件或結果的心理，因此正面框架的陳述方式可能會比負面框架更具有吸引力。

各位也許會發現，雖然在「屬性框架」中，正面框架比負面框架的陳述更有效；但在「目標框架」中，卻是負面框架比正面框架更有效。是何種原因導致如此不一致的結論呢？其原因不外乎是，在「目標框架」下，正面框架和負面框架關注的是同一個目標（例如，同一個人作不作乳房檢查對身體健康的影響）；相反地，在「屬性框架」中，正面框架和負面框架關注的卻是標的物的對立面（例如，瘦肉與肥肉）。

框架效應實驗

「框架效應」最初由認知心理學家艾默士・特沃斯基（Amos Tversky）和丹尼爾・卡尼曼（Daniel Kahneman）於 1981 年發表在著名的《科學》（*Science*）的學術期刊上，在這篇名為〈決策框架與選擇心理〉的文章中指出，即使客觀結果相同，也可以透過改變資訊的建構方式來操弄個

人的選擇。

　　為了說明「框架效應」，特沃斯基和卡尼曼兩位學者作了下列實驗：

　　受試者被要求為 600 名患有致命疾病的人選擇兩種治療方案。在情境一當中：方案 A 會導致 200 人存活，方案 B 有三分之一的機率無人死亡，但有三分之二的機率所有人都會死亡。

　　在情境二當中：方案 A 會導致 400 人死亡，方案 B 仍為有三分之一的機率無人死亡，但有三分之二的機率所有人都會死亡。

　　請問在這兩種情境下，你覺得受試者的選擇是否會不同？

　　此種「風險選擇框架」是透過正面框架（有多少人會生存）vs. 負面框架（有多少人會死亡）來予以陳述。

研究結果顯示，在情境一當中，當受試者面對的選擇是
「200 人可存活」（方案 A）vs.「三分之一的機率無人死
亡，但有三分之二的機率所有人都會死亡」（方案 B）時，
方案 A 獲得了壓倒性的支持（72%）。但在情境二當中，
受試者面對的選擇是「400 人會死亡」（方案 A）vs.「三
分之一的機率無人死亡，但有三分之二的機率所有人都會
死亡」（方案 B）時，方案 A 的支持率大幅下降至 22%。
此一結果證明人們的選擇會受到訊息建構方式的影響。

讓我們來解析一下這兩種情境為何會有截然不同的
結論。在情境一當中，在「200 人可存活」（方案 A）
vs.「三分之一的機率無人死亡，但有三分之二的機率所
有人都會死亡」（方案 B）的比較上，人們可能會簡化資
訊，把關注的焦點放在「存活」（收益）vs.「三分之一存
活加上三分之二死亡」（少部分收益，大部分損失）上，
因此比較偏好方案 A。但在情境二當中，在「400 人會死
亡」（方案 A）vs.「三分之一的機率無人死亡，但有三分
之二的機率所有人都會死亡」（方案 B）的比較上，人們
可能會把重心放在「死亡」（損失）vs.「三分之一存活率

加上三分之二死亡率」（少部分收益，大部分損失）上，因此比較偏好方案 B。

「框架效應」是否會影響到個人處理資訊的方式和所作出的決策，主要還是取決於人們是否經常依循認知捷徑或採取捷思法思考的結果。如前所述，當面臨複雜或界線模糊的選項時，如果又加上處在認知資源不足的情況下，人們常常會依靠認知捷徑來簡化決策過程，但也因此會作出不理性的決策。

我們來假想一個有關環境政策的例子：

淨零排放（net zero）又稱作「淨零碳排」，最早出自 2015 年世界各國所簽訂的《巴黎協定》中，約定 2050 年實現淨零碳排，目前已有 135 國與 1,049 個城市宣示 2050 年之前達成淨零碳排目標。有鑒於此，政府目前打算提出一項有關於「淨零碳排」的新政策：

方案 A：對實施淨零碳排措施的企業予以稅收減免，

以獎勵對環境保護的貢獻。

方案 B：對未能實施淨零碳排措施的企業予以稅收處罰，以遏制環境持續受到破壞。

方案 A 將該政策定義為提供正面的激勵措施，可能對企業和碳排相關行業較具吸引力；方案 B 則將該政策描述為施加懲罰，反而可能會引起企業負面的觀感。「框架效應」不僅發生於公共衛生與公共政策的情境，在各種消費決策的情況下更常發生。例如，在行銷和廣告中，廠商經常透過將「框架效應」運用於產品的定價方式或服務所宣稱的利益訴求，以影響消費者對其價值的評估。

框架效應對消費、財務決策和投資選擇的影響

台灣的 buffet 餐廳多不勝數，市場定位不同的吃到飽餐廳琳瑯滿目，提供了消費者多樣性的選擇。現在請試著想像一個場景：

你的生日快到了，朋友找你去吃 buffet 慶生，在考慮

過交通便利性和食物品質之後，有兩家餐廳列入考慮。這兩家餐廳的每人費用均是 1,000 元，但是廣告內容有所不同：

　　A 餐廳標榜「四人同行，一人免費」；

　　B 餐廳標榜「四人同行，每人七五折優惠」。

　　現在請運用直覺反應，請問哪一家餐廳對你們的吸引力比較大？

　　我想應該許多人都會覺得 A 餐廳的優惠比較吸引人吧？事實上以總金額來看，如果選擇 A 餐廳，四人消費的總金額是 3,000 元（1,000×3），而 B 餐廳也是 3,000 元（1,000×4×0.75）。也就是說，這兩家餐廳所提供的價格優惠完全相同，但你為何直覺上會覺得 A 餐廳的吸引力比較大？因為「免費」這個字眼對於消費者具有致命的吸引力！

　　也許你會覺得上述的數字算法十分簡單，用心算便可算出兩家的價格其實並無不同。但今天價格如果改成每人 1,349 元，兩家餐廳所標榜的優惠仍然相同，應該會有更多人憑藉直覺作出 A 餐廳比較優惠的推論吧？

　　此外，在財務決策和投資選擇中也常見到「框架效應」的身影。一般而言，投資機會的呈現方式會影響投資者的風險認知和決策。投資者通常可以劃分成兩種類型：抱有風險趨避心態的穩健型投資者，以及願意嘗試高風險高報酬的積極型投資者。今天假使你是一個基金的經理人，對於即將上市的基金產品可以考慮以下列兩種方式描述：

　　A 方案：該基金的獲利機率預估高達 80%。

　　B 方案：該基金的虧損機率預估僅有 20%。

　　這兩種方案內容的本質並無不同，但不同投資人可能會產生不同的觀感：A 方案描述了該基金獲利的可能性很

高，目標在於吸引願意嘗試高風險高報酬的積極型投資者；而 B 方案則強調該基金虧損的機率極低，用意在於吸引那些抱有風險趨避心態的穩健型投資者。

在財務投資上，「框架效應」影響消費者選擇的關鍵方式，便是透過其對風險認知的影響。資訊的建構方式可以顯著影響消費者如何看待與決策相關的風險和收益。特別是當決策涉及潛在收益時，消費者往往會規避風險、偏好確定的事物。例如，你現在考慮進行一項財務投資，有兩種投資標的物可供選擇：

方案 A：保證獲利 100 萬元。

方案 B：50% 的機會可獲利 200 萬元，50% 的機會不賺不賠。

儘管方案 B 的期望值為 100 萬元（0.5×200 萬元 = 100 萬），與 A 方案的保證獲利金額相同；但考慮到獲利的確定性與避免風險的前提下，許多消費者傾向於選擇方

案 A，而非期望值相同的方案 B。同樣地，若考慮到對風險的忍受度，方案 A 的表達方式比較適合抱有風險趨避心態的穩健型投資者，而方案 B 的表達方式比較適合願意嘗試高風險高報酬的積極型投資者。

總之，「框架效應」是一種普遍存在的認知偏誤，它顯著影響消費者的行為、決策和認知。即使資訊內容保持不變，資訊的呈現方式也會對個人的偏好或選擇產生重大影響。廠商可以視情境與消費者屬性來策略性地運用「框架效應」來影響消費者的偏好、價值觀念和選擇。而消費者若要避免因「框架效應」而作出不理性的選擇，不二法門便是在作重要決策之時，勿被訊息表面的資訊所誤導，應該善加利用認知資源作出客觀的分析，如此方能作到避免無謂的損失。

基本心法

為了抵消「框架效應」，消費者必須採取深思熟慮的分析方法，透過仔細檢查各備選方案文字的弦外之音十分重要。藉由重新建構決策問題、關注根本事實並剔除無關細節，再與各解決方案實質面（而非表面）呈現的資訊作對照，有助於個人可以更清晰地了解每個方案的實際利弊，如此將可大幅減低「框架效應」的影響。

懷舊效應

(Nostalgia Effect)

——過去的總是最美？

NOSTALGIA EFFECT

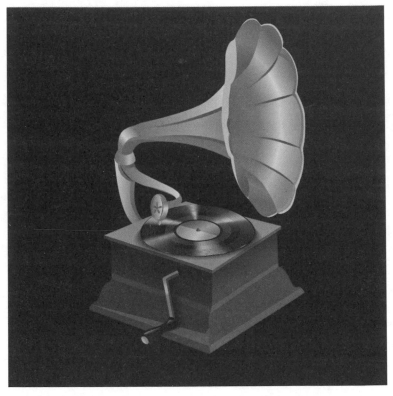

（圖片來源：https://www.freepik.com/free-vector/music-gramophone-illustration_4528524.htm#page=2&query=Turntable&position=41&from_view=search&track=sph）（freepik 免費授權使用）

「懷舊效應」（nostalgia effect）可以喚起人們強烈的情感和與過往相關的正面記憶。因此，廠商經常利用懷舊行銷（nostalgia marketing）與消費者建立情感聯繫，試圖透過加入往日情懷的元素，創造出一種熟悉的溫馨感。也就是說，透過引發人們的懷舊之情或對過去日子的緬懷，使消費者更加重視社交連結（social connectedness），而非一味地重視省錢。此種懷舊對我們消費意願的影響，被稱之為「懷舊效應」。

懷舊效應的定義

「懷舊」是一種潛藏在消費者內心深處的心理現象，它會下意識地影響消費者對於特定商品或目標的情感、態度和偏好。基本上來看，「懷舊」是指對過去值得紀念或回憶的事物具有渴望重現的心態，通常會由熟悉的物品、地點或經歷所引發。一般而言，「懷舊」是一種複雜的情感，它可以喚起與個人過往或共同集體記憶相關的正面感受。過去數世紀以來，「懷舊」一直是哲學家、作家和心理學家所津津樂道的話題。「懷舊」的概念不僅在心理學研究中獲得了廣泛的探討，並且也廣為運用在行銷實務之中。

　　「懷舊」一詞源於兩個希臘詞彙：「nostos」（字面意義是「回家」）和「algos」（字面意義是「痛苦」），兩個字合併而成的意義是「不能回家的痛苦」。17 世紀有一名瑞士醫生約翰內斯・赫佛（Johannes Hofer）率先創造了「懷舊」一詞，用來描述瑞士僱傭兵在國外服役時渴望祖國的一種狀況。從臨床醫學的角度來看，懷舊會引起憂鬱等心理症狀和身體不適等生理症狀。隨著時間的推移，對懷舊的理解已從臨床病理學的角度，演化為一種對過去美好回憶產生相關情感反應的觀點。

廠商對懷舊效應的應用

　　近年來，心理學家將懷舊視為一種偏向於相對正面的情感體驗，有可能影響人類行為的各個方面。行銷人員早已意識到懷舊在與消費者建立情感聯繫，並喚起溫馨、舒適和熟悉感方面具有強大的力量。懷舊之所以對消費者如此具有吸引力，最重要的原因之一是它能夠挖掘出珍貴的記憶，以及與過往時光的正面情感連結。當人們體驗懷舊之時，多半會傾向於關注以往愉悅和具有紀念性的經歷，此舉可以誘發正面的情緒和心理滿足感。透過此種移情作

用，將可以創造出對品牌或產品的信任感和舒適感，進而
提高品牌忠誠度和黏著度。

　　特別是在對未來具有不確定或處於混沌時期，懷舊足
以作為一種心理應對機制，以克服心理壓力和緊張感。在
現代這個工商業快速發展所造成的高壓力社會中，懷舊提
供了一種安穩平和的感覺，提醒人們緬懷過往簡單的時光
和珍貴的回憶。由於懷舊具有對安穩性、溫馨感和熟悉度
嚮往的特質，廠商透過「懷舊效應」可以與消費者建立牢
固的情感連結，進而培養出消費者長期的忠誠度。

　　此外，懷舊有助於提高產品和服務的認知價值。也就
是說，當消費者在與某個品牌或產品互動之時，若能體驗
到懷舊之情，他們可能會在其功能優勢之外賦予其他的情
感附加價值。換句話說，廠商透過營造出消費者產生懷舊
的情緒，讓商品具備更有意義、更與眾不同，與更值得珍
惜擁有的心理意涵。透過此種懷舊情緒，此舉將會使得消
費者更有意願購買。讓我們來看一個有趣的例子：

　　已成為許多 60 到 80 年代消費者成長記憶的台灣兒童零食品牌「乖乖」，便運用了多年以來變化不大的人物造型——墨西哥式牛仔帽、露出兩顆大門牙的造型與超大鞋子，穿著紅色上衣與綠色褲子，再搭配黃色領結——來喚起目前已成為社會中堅分子的青壯世代消費者的回憶。有趣的是，「乖乖」不僅利用消費者的懷舊情緒，甚至發展出另一套拍案叫絕的說法：「綠色包裝的乖乖可以當作守護神，可以防止電子設備和機房當機，確保機器運行無礙；黃色包裝的乖乖象徵招財，可讓金融和銀行業大發利市、財源滾滾；紅色包裝的乖乖則表示愛情，在每年七夕或西洋情人節時，購買紅色乖乖可以增加桃花運。」甚至曾有公家機關買了黃色包裝的五香乖乖放在電腦旁，一度成為立委質詢話題而躍上新聞版面。

　　姑且不論乖乖公司對於各種口味乖乖所作的市場區隔是否為真（雖然可能性不高），但這無疑地是一項成功的行銷操作，不但成功地利用「懷舊效應」勾起了消費者的回憶，也成功地創造出話題性，堪稱是經典的行銷案例。

　　除了本土廠商之外，國外廠商近年來對於「懷舊效應」的運用也不遺餘力。例如日本任天堂公司（Nintendo）在 1983 年 7 月 15 日正式發售家用遊戲主機 Famicom，也就是大家俗稱的「紅白機」。這款全球銷售量超過 6,200 萬台的電視遊樂器，再加上銷售超過五億款的遊戲卡帶，不但奠定了任天堂成為電玩圈一方之霸的市場龍頭角色地位，也為任天堂帶來了驚人的業績與利潤。

　　在紅白機發售滿二十週年之際的 2003 年 9 月 25 日，任天堂宣布紅白機正式停產。但為了滿足消費者的懷舊之情，任天堂推出了紅白機的復刻版本「迷你紅白機」，並於 2016 年 11 月 10 日正式發售。在「迷你紅白機」開賣 3 個月全球狂賣 150 萬台之後，任天堂公司再接再厲於 2017 年 10 月 5 日在日本市場推出「迷你超級任天堂」，開賣四天就狂賣近 37 萬台。

　　從上面乖乖和任天堂「紅白機」的例子可以發現，懷舊對消費者確實具有無比強大的情感吸引力，因此廠商莫不絞盡心力地構思如何運用「懷舊效應」，來為消費者創

造出更有吸引力、同時又具有龐大商機的品牌體驗。

懷舊效應在音樂產業上的應用

　　一度走入歷史長廊盡頭的黑膠唱片（LP），近年來由於文青風的興起，形成一股懷舊的風潮。根據美國唱片業協會（Recording Industry Association of America, RIAA）發布的銷售數字指出，2022 年全美的黑膠唱片銷售數量破天荒地首次超過 CD 的銷售數字，這是自 1987 年以來首度出現的驚人現象。從銷售數字來看，2022 年全美消費者購買了 4,100 萬張黑膠唱片，但同年 CD 銷售量卻只有 3,300 萬張。因此許多唱片公司也開始以「舊瓶裝新酒」的方式來推出新產品上市。例如五月天、SHE、周杰倫在推出新專輯時，除了 CD 版本之外，也都不約而同地推出黑膠唱片之版本，甚至會將以往發行過的 CD 專輯以黑膠唱片的形式重新發行，其目的便在於搭上當前這股方興未艾的黑膠風潮。例如，周杰倫便將過去廿年來所發行過的 14 張專輯，集結成一套 28 張黑膠的套裝專輯，售價高達台幣 3 萬多元，在大陸的淘寶網甚至還被炒到人民幣 2 萬 3 千元（折合近台幣 10 萬元）。

以周杰倫出版黑膠專輯的案例來看，從消費心理來加以解讀可以發現，標榜「向過去致敬」的限量版黑膠唱片，可以強而有力地在有懷舊情懷的消費者之間，創造出一種「你只有 CD，而我有珍貴的黑膠」的高度排他性與無比的優越感。因此，雖然此一套裝黑膠唱片價格不菲，仍然造成一股搶購風潮。

除了流行文化以外，懷舊感也常運用於古典音樂的推廣活動之上。早在串流音樂興起之前，居古典音樂主流大廠龍頭地位的 Deutsche Grammophon（俗稱黃標 DG），便曾推出以「大花版」系列的古典音樂 CD，該系列是採取黑膠唱片時期的大花版（big tulip）圖案設計，作為 CD 盤面的主要設計風格，讓樂迷們一眼便能辨識出來，其目的便是希望透過特殊的盤面設計，讓過去聆聽 DG 大花版黑膠唱片的消費者，能夠喚起過往美好的黑膠唱片時光。特別是那些對於過去那個時代懷有美好回憶的消費者而言，透過體驗式懷舊，可創造出讓消費者重回往日時光的體驗，以滿足消費者重新捕捉過往特定時間或感覺的願望。

2022 年 5 月參加大陸綜藝節目「乘風破浪的姐姐 3」演唱「愛你」而再度爆紅的台灣歌手、號稱「甜心教主」的王心凌，不但勾起無數「王心凌男孩」的青春記憶，據聞甚至連大陸的官媒央視都罕見地予以正面的報導。在節目中年近 40 歲的王心凌，在演唱「愛你」時所展現出來的外型與唱腔功力，幾乎與廿年前如出一轍，瞬間把 80 年代、90 年代的大陸觀眾（特別是男性）拉回當年那段青澀的年輕歲月當中。許多 80 年代、90 年代出生的「王心凌男孩」，看到王心凌在舞台上唱著當年那首自己熟悉的「愛你」，外型、舞蹈與唱腔幾乎和當年完全一樣，讓這些人覺得自己又好像回到了當年 17、18 歲的青春年華……

網路上甚至指出，這些所謂的「王心凌男孩」，目前很多人都已經事業有成，在企業擔任總經理或董事長等高階職位，他們甚至還下令要求全體員工投票支持王心凌，而投票率視為當年的業績考核重點項目。更誇張的是，這些「王心凌男孩」的粉絲們更是霸氣地直接購買播出節目的芒果 TV 之股票，並喊出「你一票，我一票，王姐八十

還唱跳」的口號，僅僅幾天的時間之內，便讓該公司的股票一度逆勢上漲 10%，相當於 66 億人民幣！甚至打電話到芒果 TV，揚言若不讓王心凌獲得該季冠軍，就準備放空該公司的股票，讓芒果 TV 的股票大跌⋯⋯

　　網路上有許多有關於「王心凌現象」的討論，從製作單位的人為炒作，到王心凌本身奮鬥的心路歷程所在多有。無論內容如何，但不可否認的是，讓這批已近不惑之年的「王心凌男孩」們穿越時光隧道，得以回味當年少不更事的「懷舊效應」，對造成這股「王心凌旋風」確實居功厥偉。

懷舊效應不宜過度操作

　　廠商可利用「懷舊效應」來打造出本身獨有的品牌定位，例如，擁有悠久歷史或傳統的品牌可利用懷舊情緒將自己與競爭對手加以區隔，並建立自己獨特的品牌定位，透過強調在消費市場的長期耕耘，有助於在目標客群中建立信任感。此外，廠商可以規劃以懷舊為主題的行銷活動，以與目標客群的共同生活經歷產生共鳴。例如舉辦品

牌回顧展，以喚起在那段時期成長的消費者之懷舊情緒，
透過類似的懷舊作法，廠商可以藉此強化品牌的忠誠度。

　　不過廠商必須注意，運用「懷舊效應」作為行銷訴求
的頻率不宜過高，以免造成經濟學上所謂「邊際效益遞
減」（diminishing marginal utility）的現象。如下圖所示，
隨著開始時同一行銷手法的次數使用增加，會造成行銷效
益逐漸遞增，但超過行銷效益最高點的次數之後，行銷效
益會趨於停滯（如圖中曲線 A），甚至可能造成行銷效益
不增反減（如圖中曲線 B）。

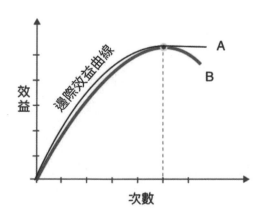

　　也就是說，同一行銷手法的過度重複操作，恐會造成消費者的偏好趨緩，甚至最終招致反效果。例如，前幾年十分風行的「校園民歌回顧演唱會」，便由於每年舉辦的頻率過高，雖然有「懷舊效應」的加持，但票房年復一年地下跌，最後造成盛況不再的結局。

　　簡而言之，「懷舊效應」是廠商運用情感訴求以與目標客群建立起情感連結的有力工具。透過喚起消費者溫馨、熟悉和年輕美好歲月的感覺，以與消費者建立更緊密的長久關係。廠商若能善用「懷舊效應」，將有助於提升其產品和服務的整體吸引力。

基本心法

當人們體驗懷舊之時，多半會傾向於關注以往愉悅和具有紀念性的經歷，此舉可以誘發正面的情緒和心理滿足感。相較於其他誘使消費者採取購買行動的心理效應，「懷舊效應」似乎並不算是過於「罪大惡極」的行銷手法。透過激發懷舊情懷，消費者至少喚起了一段重回往日美好時光的記憶，那麼何不換個角度放開心胸來享受「懷舊效應」呢？

BIG 431

直覺陷阱2：認知非理性消費偏好，避免成為聰明的傻瓜

作　　者	高登第
圖表提供	高登第、周嘉珍
責任編輯	陳萱宇
主　　編	謝翠鈺
行銷企劃	陳玟利
封面設計	陳文德
美術編輯	菩薩蠻數位文化有限公司
董事長	趙政岷
出版者	時報文化出版企業股份有限公司
	108019 台北市和平西路三段二四〇號七樓
	發行專線｜(〇二)二三〇六六八四二
	讀者服務專線｜〇八〇〇二三一七〇五｜(〇二)二三〇四七一〇三
	讀者服務傳真｜(〇二)二三〇四六八五八
	郵撥｜一九三四四七二四時報文化出版公司
	信箱｜一〇八九九 台北華江橋郵局第九九信箱
時報悅讀網	http://www.readingtimes.com.tw
法律顧問	理律法律事務所　陳長文律師、李念祖律師
印刷	勁達印刷有限公司
初版一刷	二〇二四年二月二日
定價	新台幣三八〇元

缺頁或破損的書，請寄回更換

直覺陷阱2：認知非理性消費偏好，避免成為聰明的傻瓜/高登第著.
-- 初版. -- 台北市：時報文化出版企業股份有限公司, 2024.02
　　面；　公分. -- (Big ; 431)
ISBN 978-626-374-792-0(平裝)

1.CST: 消費心理學 2.CST: 消費者研究

496.34　　　　　　　　　　　　　　　112021887

ISBN 978-626-374-792-0
Printed in Taiwan